移动应用软件开发技术

韩业红　唐海亮　赵　珂　杜　林
谢文峰　刘建超　岳鹏飞　　　编著

山东大学出版社
SHANDONG UNIVERSITY PRESS
·济南·

图书在版编目(CIP)数据

移动应用软件开发技术 / 韩业红等编著. ——济南：
山东大学出版社，2022.8(2023.8 重印)
ISBN 978-7-5607-7495-4

Ⅰ. ①移… Ⅱ. ①韩… Ⅲ. ①移动终端－应用程序－
软件开发 Ⅳ. ①TN929.53

中国版本图书馆 CIP 数据核字(2022)第 072279 号

责任编辑　徐　翔
文案编辑　曲文蕾
封面设计　王秋忆

出版发行	山东大学出版社
社　　址	山东省济南市山大南路 20 号
邮政编码	250100
发行热线	(0531)88363008
经　　销	新华书店
印　　刷	山东蓝海文化科技有限公司
规　　格	787 毫米×1092 毫米　1/16
	15.25 印张　370 千字
版　　次	2022 年 8 月第 1 版
印　　次	2023 年 8 月第 2 次印刷
定　　价	68.00 元

前　言

目前,社会化媒体已超越搜索引擎,成为互联网第一大流量来源。基于社会化媒体的信息类项目在"互联网＋"的沃土上蓬勃发展,以微信为代表的社会化媒体飞速发展,微信公众平台的资源优势愈发彰显。随着移动互联网技术的迅速发展和市场需求的不断变化,各种 App、微网站、小程序等移动端开发技术也不断发展,而基于微信小程序的移动端开发最为流行。作为一种轻量级应用,微信小程序依托于微信强大的生态系统,具有开发快速、获客成本低等优点。二十大报告提出建设数字中国,加快发展数字经济,促进数字经济和实体经济深度融合。通过微信小程序可以快速实现线下应用的数字化转型。

本书针对应用型人才培养的目标,以项目驱动的方式,介绍了以 Web 应用和微信小程序为核心的全栈软件开发技术。本书以 Web 应用和小程序开发项目为主线,运用工程化的方法进行案例训练和综合项目实战。从广度上,本书介绍了前端开发和 PHP 开发等前置知识;从深度上,本书讲解了微信公众平台、微网站、微信小程序等开发技术。全书内容由浅入深、循序渐进,实践案例丰富并且取材于典型应用场景。基于本书进行软件开发实践实训类课程建设,非常便于在项目实施过程中设计阶段性目标和与之匹配的任务情景,激发学生通过自主学习和协同合作的方式进行问题求解。同时,本书把业界先进的技术和工程实践引入其中,引领学生掌握和运用工程化的开发方法。

全书共分为 11 章,具体如下:

第 1 章和第 2 章主要讲解了 Web 前端和 PHP 开发的基础知识。其中,第 1 章主要介绍 HTML、CSS、JavaScript 等前端开发的基本知识。第 2 章主要介绍 PHP 的基本语法和 PHP 开发环境搭建等后端开发的基本知识。

第 3 章、第 4 章和第 5 章主要介绍了微信公众平台、微网站和微信开发工具的相关知识。通过这三章的学习,学生可以掌握基于微信端的移动应用开发基础知识,包括微信公众号、微网站的基本概念,以及微信小程序开发工具使用。

第 6 章主要介绍了微信小程序的,主要包括视图容器组件、基础内容组件、表单组件、导航组件、媒体组件、地图组件等常见组件。通过本章的学习,学生可以掌握如何构建常见的用户界面。

第 7 章和第 8 章以项目驱动的方式介绍了微信小程序常见 API 的使用,主要包括网络 API、媒体 API、文件 API、数据 API、位置 API、设备 API 及开放 API 的使用。学完这两章后,学生能够掌握常见 API 的使用场景,并结合业务领域知识完成项目业务功能的开发。

第 9 章介绍了微信小程序常见的开发框架,主要是 WeUI 库和 WePY 框架,并通过案例对 WeUI 库和 WePY 框架进行了对比。

第 10 章介绍了微信小程序云开发技术,主要包括云开发控制台、云数据库、云函数以及云存储的使用。通过本章的学习,学生可以掌握云开发的一站式开发流程。

第 11 章提供了一个综合设计应用实例,该实例是对本书中所有知识的综合应用。在项目开发中,开发者可以利用小程序常见组件完成项目界面的布局、API 调用、服务端的交互操作以及网络请求的封装等技术。

本书已构建完备的线上、线下立体化教学资源,充分支撑教师教学、混合课程建设和学生线上自学。线上课程已上线智慧树在线教育平台(课程名称:移动应用软件开发技术。课程网址:https://coursehome.zhihuishu.com/courseHome/1000068800/98791。课程编码:计算机类 0809)。教学资源包括教学大纲、教案、实例源码、授课 PPT、章节讨论题、章节测试题、期末测试题等资料。

书尽其用,人尽其学。愿本书可以帮助读者掌握基于微信小程序开发移动应用的技术。尽管编者在写作过程中力求精益求精,但因能力有限,书中难免有疏漏之处,敬请读者批评指正。联系邮箱:ydyyrjkf@163.com。

编 者

2023 年 7 月

目　录

第1章 前端开发基础

1.1 前端开发的基本知识

1.1.1 Web 前端简介

1.1.1.1 Web 前端的概念

当我们打开一个设计优良的网站时,第一时间往往会被炫酷的动态页面效果吸引。Web 前端的工作就是用 HTML5、CSS3、JavaScript、jQuery、Ajax 等技术把用户界面(UI)设计的页面效果做成网页,结合 Bootstrap、AngularJS 等 JavaScript 框架(简称"JS 框架")与后台数据交互,最终实现 Web 页面。

Web 前端开发是创建 Web 页面呈现给用户的过程,通过 HTML(超文本标记语言)、CSS(层叠样式表)及 JavaScript,以及衍生出来的各种技术、框架、解决方案,来实现互联网产品的用户界面交互。

随着互联网技术的快速发展,互联网系统越来越多,越来越复杂,客户端与服务器的交互不再是简单的页面与页面的交互,而变为页面与页面、程序以及数据的交互,其中实现与客户交互的程序就是由 Web 前端完成的。随着用户对体验和交互的要求越来越高,系统功能越来越复杂,Web 前端工作也就越来越重要。Web 前端的主要职能是把网站界面更好地呈现给用户。

1.1.1.2 Web 前端开发涉及的技术

Web 前端开发主要使用 CSS、JavaScript、Web 服务器、服务器端脚本语言、数据库和 Web 框架等技术。

(1)CSS:涉及网页外观设计时,就需要 CSS。CSS 被称为程序员的画笔,是网页表现技术。CSS 可以帮助人们把网页做得更美观,可以对网页的布局、字体、颜色、背景和其他效果实施更加精确的控制。

(2)JavaScript:JavaScript 是一种能让网页更加生动活泼的程序语言,实现了网页实时的、动态的、可交互式的表达能力。使用 JavaScript 进行 Web 前端开发的技术点包括学习 JavaScript 的基本语法、学会用 JavaScript 操作网页中的 DOM(文档对象模型)元素、学会使用 JavaScript 库,比如使用 jQuery 提高 JavaScript 的开发效率。

（3）Web 服务器：了解 Web 服务器需掌握 IIS(互联网信息服务)、Apache 基本配置,并学习 Unix 和 Linux 的基本知识,因为大部分 Web 服务器都运行在 Unix 和 Linux 平台上。

（4）服务器端脚本语言：服务器端脚本编程也是 Web 开发人员的基本功之一,目前流行的服务器端脚本语言有 PHP、Asp. NET、JSP、Python 等。

（5）数据库：构建动态页面通常会用到数据库,常用的数据库有 Microsoft SQL Server、Oracle、MySQL 等,它们都遵循标准的 SQL(标准化结构语言)原则。

（6）Web 框架：当你掌握了 HTML、CSS、JavaScript 和服务器端脚本语言后,就能利用 Web 框架来加快 Web 开发速度,节约开发时间,例如 . Net 的 MVC(模型-视图-控制器)、Java 的 SSH(安全壳协议)、PHP(超文本预处理器)的 CakePHP 以及 Python 的 Django 等。

1.1.2 Web 前端开发工具

在前端开发中,用到的基本技术有 HTML、CSS、JavaScript。进行页面的布局时,HTML 对元素进行定义,CSS 对展示的元素进行定位,再通过 JavaScript 实现相应的效果和交互。在网页建设的过程中,为了更高效地完成任务,人们会用到一些提供便捷功能的前端开发工具。下面介绍一些用于 Web 前端开发的工具。

（1）Dreamweaver：Dreamweaver 是集网页制作和管理网站于一身的、所见即所得的网页编辑器,是第一个针对网页设计师特别开发的可视化网页开发工具,可以轻而易举地做出跨越平台限制和浏览器限制的、充满动感的网页。Dreamweaver 支持最新的 Web 技术,包括 HTML 检查、HTML 格式控制、可视化网页设计、图像编辑、处理 Flash 和 Shockwave 等媒体文件。

（2）EditPlus：EditPlus 是 Windows 系统下的一个文本、HTML、PHP 以及 Java 编辑器。它不仅是记事本的一个很好的替代工具,同时也为网页制作者提供了适宜的功能。EditPlus 对 HTML、PHP、Java、C++、JavaScript 和 CSS 的语法有突出显示效果,用户也可以根据自定义语法文件扩展支持其他程序语言。

（3）WebStrom：WebStorm 是一款强大的 HTML5/JavaScript Web 前端开发工具。WebStorm 可以提供 JavaScript、TypeScript、CoffeeScript、Dart 和 Flow 代码辅助功能,帮助程序员编写 HTML、CSS 代码,支持 Node. js 和主流框架(如 React、Angular 等)。同时,它还支持 AngularJS,能够准确地智能感知 Angular 语法。WebStorm 被广大 JavaScript 开发者誉为"Web 前端开发神器""最强大的 HTML5 编辑器""最智能的 JavaScript IDE"。

（4）HBuilder：HBuilder 是一款支持 HTML5 的 Web 集成开发环境（IDE）工具。HBuilder 通过完整的语法提示和代码输入法、代码块等,大幅提升了 HTML、JavaScript 以及 CSS 的开发效率。同时,它还有最全面的语法库和浏览器兼容性数据。以"快"为优势的 HBuilder 还引入了"快捷键语法"的概念,解决了困扰许多开发者的快捷键过多且记不住的难题。HBuilder 中预置了一个"hello HBuilder"工程,用户在充分实践后会发现,HBuilder 比其他开发工具要快得多。

（5）Visual Studio Code：Visual Studio Code 是一个运行于 Mac OS X、Windows 和 Linux 平台之上，编写现代 Web 应用程序和云应用的跨平台源代码编辑器，对 JavaScript、TypeScript 和 Node.js 有内置支持。它支持其他语言（如 C＋＋、C♯、Java、Python、PHP 和 Go）和运行时扩展的生态系统。Visual Studio Code 的功能非常强大，界面简洁明晰，操作方便快捷，改进了文档视图，完善了对 Markdown 的支持以及 PHP 语法高亮等。

1.1.3　浏览器与调试工具

对于使用 HMTL、CSS、JavaScript 组合技术设计的 Web 页面，只有通过浏览器才能观看其设计效果。基于 Internet 的各类网页浏览器有很多，人们经常使用的浏览器有 Microsoft IE 浏览器、Mozilla Firefox 浏览器、Google Chrome 浏览器、Opera 浏览器以及 UC 浏览器、Safari 浏览器等。Web 前端开发工程师一定要了解不同浏览器的使用性能和特点，了解它们的差异性，这样在编写 Web 网页代码时才能充分考虑到浏览器的兼容性，让网站在不同浏览器中显示效果与风格相同。

1.1.3.1　浏览器

主流的浏览器有 Microsoft IE 浏览器、Microsoft Edge 浏览器、Google Chrome 浏览器、Mozilla Firefox 浏览器、Safari 浏览器等，它们分别具有以下特点：

（1）Microsoft IE 浏览器：Microsoft IE 浏览器是微软推出的 Windows 系统自带的浏览器，简称"IE 浏览器"。该浏览器只支持 Windows 系统。IE 浏览器的内核是由微软独立开发的，简称"IE 内核"。国内大部分的浏览器都是在 IE 内核的基础上增加一些插件制作而成，如 360 浏览器、搜狗浏览器等。

（2）Microsoft Edge 浏览器：在 Windows 10 系统上，微软用 Microsoft Edge 浏览器（简称"Edge 浏览器"）取代了 IE 浏览器。Edge 浏览器和 IE 浏览器在内核、网络引擎、UI 设计以及插件的支持上都有很大的不同。Edge 浏览器拥有更轻度的内核设计，而且兼容目前流行的 Blink 和 WebKit 引擎配置；在网络打开速度上，Edge 浏览器比 IE 浏览器更快；在 UI 设计上，Edge 浏览器拥有更加轻度和更适应现代浏览器设计的特点。

（3）Google Chrome 浏览器：Google Chrome 浏览器是由 Google 在开源项目的基础上独立开发的一款浏览器，提供了很多方便开发者使用的插件。Google Chrome 浏览器不仅支持 Windows 系统，还支持 Linux 系统、Mac 系统，同时它也提供了移动端的应用（如 Android 和 iOS 平台）。Google Chrome 浏览器的特点是简洁、快速，支持多标签浏览，每个标签页面都在独立的"沙箱"内运行，在提高安全性的同时，一个标签页面的崩溃不会导致其他标签页面被关闭。

（4）Mozilla Firefox 浏览器：Mozilla Firefox 浏览器是开源基金组织 Mozilla 提供的一款开源浏览器，拥有更快的启动速度和高速的图形渲染引擎，支持 Windows 系统、Linux 系统和 Mac 系统。Mozilla Firefox 浏览器开源了浏览器的源码，提供了很多优秀的插件，可以满足用户的各种需求。核心引擎的升级使得 Firefox 浏览器能够浏览、传递更多复杂的网站，兼容更多的标准，提升了浏览器的传送速度。

（5）Safari 浏览器：Safari 浏览器是 Apple 公司为 Mac 系统量身打造的一款浏览器，

它渲染网页的速度很快，主要应用在 Mac OS 系统和 iOS 系统中。基于苹果的 iCloud，Safari 浏览器可以实现苹果产品之间的同步，浏览时能相对无缝地切换设备。使用同一个 Apple ID 的两台设备，可以互相连通浏览信息。例如，在苹果手机上浏览了一个网页，在苹果电脑上可继续浏览该网页。Safari 浏览器使用 Webkit 引擎，包含 WebCore 排版引擎及 JavaScriptCore 解析引擎。

1.1.3.2 浏览器调试工具

在做前端开发时，我们需要用到一些调试工具来调试我们的 HTML、CSS 或者 JavaScript 代码。前端代码调试常用的工具有 Chrome 开发者工具、FireFox 的 Firebug 插件、IE 的开发者工具等。

Chrome 开发者工具的使用方法如下：在需要调试的 Web 页面上右击，然后选择"审查元素"菜单；或者使用快捷键 Ctrl＋Shift＋I 打开开发者工具，使用快捷键 Ctrl＋Shift＋J 打开 JavaScript 控制台，使用快捷键 F12 打开开发者工具界面。Chrome 开发者工具界面如图 1-1 所示。

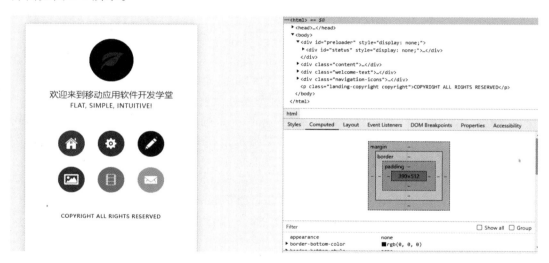

图 1-1　Chrome 开发者工具界面

1.1.3.3 Web 服务器

这里的 Web 服务器不是指硬件上的服务器，而是指支持解析 Web 后台语言的服务器。常用的 Web 服务器有以下几种：

（1）IIS 服务器：IIS 服务器是微软提供的一种 Web 服务器，主要用于解析微软开发的 ASP 和 ASP. NET 等后台语言。运行在 Windows 操作系统下，IIS 服务器对具有 IE 内核的浏览器支持良好，有些调用 Windows 接口的 Web 应用程序只能采用 IIS 服务器进行解析。IIS 是在 Windows NT Server 上建立 Internet 服务器的基本组件。它与 Windows NT Server 完全集成，使用 Windows NT Server 内置的安全性以及 NTFS（新技术文件系统）建立强大、灵活的 Internet/Intranet 站点。IIS 是一种 Web（网页）服务组件，其中包括 Web 服务器、FTP（客户/服务器系统）服务器、NNTP（网络新闻传输协议）

服务器和 SMTP(电子邮件传输协议)服务器,分别用于网页浏览、文件传输、新闻服务和邮件发送等方面,它使得在网络(包括互联网和局域网)上发布信息成了一件很容易的事。

(2)Apache 服务器:Apache 服务器是开源基金组织 Apache 提供的一种 Web 服务器,常用来解析 PHP 文件,是一款功能强大的免费跨平台免费软件,支持多个操作系统(如 Windows、Linux、Mac OS 等),是最流行的 Web 服务器。它快速、可靠,并且可通过简单的 API(应用程序接口)扩充将 Perl/Python 等解释器编译到服务器中。

(3)Tomcat 服务器:Tomcat 服务器是开源基金组织 Apache 提供的一种支持 JSP(Java 服务器页面)组件的 Web 服务器。Apache 与 Tomcat 都是 Apache 开发的用于处理 HTTP(超文本传输协议)服务的项目,两者都是免费的,都可以作为独立的 Web 服务器运行。Apache 是 Web 服务器,而 Tomcat 是 Java 应用服务器。Apache 服务器只能处理静态 HTML,Tomcat 服务器能同时处理静态 HTML 和动态 JSP Servlet。人们一般把 Apache 服务器与 Tomcat 服务器搭配在一起使用,Apache 服务器负责处理所有静态的页面/图片等信息,Tomcat 服务器只处理动态的部分。两者整合后的优点如下:如果请求是静态网页,则由 Apache 服务器处理,并将结果返回;如果是动态请求,Apache 服务器会将解析工作转发给 Tomcat 服务器处理,Tomcat 服务器处理后将结果通过 Apache 服务器返回。这样可以做到分工合作,实现负载均衡,提高系统的性能。

1.1.3.4　浏览器兼容性问题

浏览器兼容性问题指网页在各种浏览器上的显示效果可能不一致,而产生的浏览器和网页间的兼容问题。在网站制作中,做好浏览器兼容才能够让网站在不同的浏览器下都正常显示。而对于浏览器的开发和设计,兼容性好的浏览器能够给用户提供更好的使用体验。

浏览器兼容性问题产生的原因如下:不同浏览器使用的内核及所支持的 HTML 等网页语言标准不同,以及用户端的环境不同(如分辨率不同)都可能造成显示效果不理想。最常见的兼容性问题是网页元素位置混乱、错位。一般的解决办法是不断地在各浏览器间调试网页显示效果,通过对 CSS 样式控制以及脚本判断,赋予不同浏览器解析标准。如果所要实现的效果可以使用框架,那么还有另一个解决办法,即在开发过程中使用当前比较流行的 JavaScript、CSS 框架,如 jQuery 等。因为这些框架无论是底层的还是应用层的都已经做好了浏览器兼容,所以可以放心使用。除此之外,CSS 还提供了很多 Hack 接口。Hack 接口既可以实现跨浏览器的兼容,也可以实现同一浏览器不同版本的兼容。

1.1.4　Web 前端框架

熟悉并掌握了 HTML、服务器端脚本语言、CSS 和 JavaScript 之后,开发者使用 Web 框架可以加快 Web 开发速度,节约时间。Web 框架主要用于动态网站开发,可以实现数据的交互和业务功能的完善。使用 Web 框架进行 Web 开发时,开发者在进行数据缓存、数据库访问、数据安全校验等方面,不需要再重新设计,只需将业务逻辑相关的代码写入框架即可。

1.1.4.1　Bootstrap

Bootstrap 是非常受欢迎的前端开源工具库,它支持响应式栅格系统,自带大量组件和众多强大的 JavaScript 插件。基于 Bootstrap 提供的强大功能,Web 服务器能够让网页开发者快速设计并定制网站。Bootstrap 是基于 HTML、CSS 和 JavaScript 开发的简洁、直观、强大的前端开发框架,使得 Web 开发更加快捷。Bootstrap 提供了优雅的HTML 和 CSS 规范,它是由动态 CSS 语言 Less 写成的。Bootstrap 可提高团队的开发效率,同时也可规范团队成员在使用 CSS 和 JavaScript 方面的编写规范。Bootstrap 的强大之处在于它对常见的 CSS 布局小组件和 JavaScript 插件都进行了完整封装,供开发人员(不仅是前端开发人员)使用。它解决了广大后端开发人员的难题,使得团队在没有专业前端开发人员的情况下能独立开发一个规范且美观的 Web 系统。Bootstrap 提供了一个带有网格系统、链接样式、背景的基本结构,包含了十几个可重用的组件,用于创建图像、下拉菜单、导航、警告框、弹出框等。另外,Bootstrap 还包含十几个自定义的 jQuery 插件。

1.1.4.2　jQuery

jQuery 是一个简洁的 JavaScript 框架,封装了 JavaScript 常用的功能代码,提供了一种简便的 JavaScript 设计模式,优化了 HTML 文档操作、事件处理、动画设计和 Ajax 交互。jQuery 是对 JavaScript 底层 DOM 操作进行封装的一个框架,是轻量级的JavaScript 库。jQurey 封装了大量常用的 DOM 操作,使开发者在编写 DOM 操作相关程序的时候能够得心应手。jQurey 使用户能更方便地处理 HTML 实现动画效果,并且能方便地为网站提供 Ajax 交互。jQurey 不是侧重于客户端的框架,而是侧重于 DOM编程的框架。jQurey 兼容各种主流浏览器,降低了开发成本,提高了开发效率。

1.1.4.3　Ajax

Ajax(Asynchronous JavaScript and XML)即异步 JavaScript 和 XML。在 Web 2.0的热潮中,Ajax 已成为人们谈论最多的技术术语。Ajax 可使 Internet 应用程序更小、更快、更友好。Ajax 是多种技术的综合,它使用 XHTML 和 CSS 标准化呈现,使用 DOM实现动态显示和交互,使用 XML Http Request 对象进行异步数据读取,使用 JavaScript绑定和处理所有数据。通过 Ajax 技术,网页应用能够快速地将增量更新呈现在用户界面上,而不需要重载(刷新)整个页面,这使得程序能够更快地回应用户的操作。Ajax 在浏览器与 Web 服务器之间使用异步数据传输(HTTP 请求),可使网页从服务器请求少量的信息,而不是整个页面。使用 Ajax 的最大优点就是能在不更新整个页面的前提下维护数据。这使得 Web 应用程序能更为迅捷地回应用户动作,避免了在网络上发送那些没有改变的信息。Ajax 不需要任何浏览器插件,但需要用户允许 JavaScript 在浏览器上执行。

1.2　HTML 的基本知识

前端网页是用户通过浏览操作向服务器申请一个 URL(统一资源定位符),再由服务器找到此定位符所指的内容,把这些由定位符组成的内容传给用户的浏览器,再在浏览器里按顺序组装成一个丰富多彩的网页界面。每一个网页元素都有一个界定型的定位符,浏览器根据这些定位符来组织界面。所以说,制作网页实际上就是安排这些定位符在一个页面中的组织顺序。要掌握网页制作,不得不学习 HTML。

　　HTML 的全称是 Hypertext Marked Language,称为"超文本标记语言"。HTML文本是用 HTML 编写的超文本文档,独立于各种操作系统平台(如 Unix、Windows)。HTML 命令可以说明文字、图形、动画、声音、表格以及链接等。和一般文本不同的是,一个 HTML 文件不仅包含文本内容,还包含一系列标记。通过这些标记,浏览器可以将网络上的文档格式统一,使分散的网络资源连接为一个逻辑整体。

　　Web 上的信息是以页面的形式组织起来的,Web 页面由 HTML 描述。Web 页面与HTML 文档实际上是同一事物的两个不同侧面。通常,人们把用 HTML 编写的文件称为"HTML 文档",而把 HTML 文档在 Web 浏览器中的表现形式称为"Web 页面"。从本质上说,WWW(万维网)是一个由 HTML 文件及一系列传输协议组成的集合。HTML 语言通过利用各种标签来描述文档的结构格式和超链接信息,它只是建议 Web浏览器应该如何显示和排列这些信息,最终在用户面前的显示结果取决于 Web 浏览器本身的显示风格及其对标记的解释能力。这就是同一文档在不同浏览器中展示的效果会不一样的原因。

1.2.1　HTML 文档结构

　　HTML 文档一般由两部分组成:一是文档所要表达的内容信息;二是一系列的HTML 标签。HTML 的结构包括头部(Head)、主体(Body)两大部分,其中头部描述浏览器所需的信息,而主体则包含所要说明的具体内容。

　　在 HTML 网页文档的基本结构中主要包含以下几种标签:

　　(1)HTML 文件标签:< html >和</html >标签放在网页文档的最外层,表示这对标签间的内容是 HTML 文档。< html >放在文件开头,</html >放在文件结尾,在这两个标签中间嵌套其他标签。

　　(2)Head 文件头部标签:文件头用< head >和</head >标签,该标签出现在文件的起始部分。头部标签内的内容不在浏览器中显示,主要用来说明文件的有关信息,如文件标题、作者、编写时间、搜索引擎可用的关键词等。

　　在头部标签内最常用的标签是网页主题标签,即 title 标签,它的格式为:
< title >网页标题</title >
　　网页标题是提示网页内容和功能的文字,出现在浏览器的标题栏中。一个网页只能有一个标题,并且只能出现在文件的头部。

　　(3)Body 文件主体标签:文件主体用< body >和</body >标签,它是 HTML 文档的主体部分。网页正文中的所有内容,包括文字、表格、图像、声音和动画等都包含在这对标签之间。

1.2.2　基本概念和语法规则

　　HTML 文档由预定义好的 HTML 标签和用户自定义内容编写而成。HTML 标签由 ASCII(美国信息交换标准代码)字符来定义,用于控制页面内容(文字、表格、图片、用户自定义内容等)的显示。

1.2.2.1 标签

HTML 通过标签控制文档的内容和外观,可以将标签看作是 HTML 的命令。HTML 标签有如下几个特点:

(1)HTML 标签以一对尖括号"< >"作为开始,以"</ >"作为该 HTML 命令的结束。例如,HelloHTML. html 中的"< body >…</body >"标签用于表示主体部分的开始和结束,其中< body >称为开始标签,</body >称为结束标签。

(2)标签必须是闭合的。闭合是指标签的最后要有一个"/"来表示结束,但不一定成对出现,例如< br/>就单独出现,表示换行,诸如< br/>格式的标签统称为"空标签"。

(3)标签与大小写无关。HTML 语言中不区分大小写,例如< body >和< BODY >表示的含义一样。

1.2.2.2 属性

HTML 属性一般都出现在标签中。作为 HTML 标签的一部分,HTML 属性包含了标签所需的额外信息,并且一个标签可以拥有多个属性。

在为标签添加属性的时候需注意如下两点:

(1)属性的值需要在双引号中。

(2)属性名和属性值成对出现。

其语法格式为:

<标签名 属性名 1="属性值" 属性名 2="属性值">内容</标签名>

1.2.3 常用标记

HTML 常用标记如表 1-1 所示。

表 1-1 HTML 常用标记

标签分类	标签名	中文含义	空标签	块标签	备注
HTML 页面结构	< html >	—	—	—	声明 HTML 文件
	< head >	头部	—	—	—
	< title >	网页标题	—	—	—
	< body >	主体	—	—	—
常用标签	< h1 >~< h6 >	标题	—	块标签	—
	< p >	段落	—	块标签	—
	< font >	字体	—	—	—
	< a >	超链接	—	—	—
	< img >	图像	空标签	—	image
	< br >	换行	空标签	—	—
	< hr >	水平线	空标签	块标签	—

续表

标签分类	标签名	中文含义	空标签	块标签	备注
格式化标签	< b >	粗体	—	—	—
	< big >	大号字	—	—	—
	< em >	着重	—	—	—
	< i >	斜体	—	—	—
	< small >	小号字	—	—	—
	< strong >	强调	—	—	—
	< u >	下划线	—	—	—
列表标签	< ul >	无序列表	—	块标签	Unorder list
	< ol >	有序列表	—	块标签	Order list
	< li >	列表项目	—	块标签	list
	< dl >	定义列表	—	块标签	Define list
	< dt >	定义标题	—	块标签	Define title
	< dd >	定义描述	—	块标签	Define description
表格相关	< table >	表格	—	块标签	—
	< tr >	行	—	块标签	Table row
	< td >	单元格	—	—	Table data cell
	< th >	表头	—	—	Table head
	< thead >	表头部分	—	—	—
	< tbody >	主体部分	—	—	—
	< tfoot >	底部页脚部分	—	—	—
表单相关	< form >	表单	—	—	—
	< input >	表单元素（输入框）	空标签	—	—
	< select >	下拉框	—	—	—
	< option >	下拉列表项	—	—	—
框架相关	< frameset >	框架集	—	—	—
	< frame >	框架	空标签	—	—
	< iframe >	内嵌框架	—	—	—
容器	< div >	容器标签（块）	—	—	—
	< span >	容器标签（行内）	—	—	—

1.3 CSS 的基本知识

1.3.1 CSS 简介

CSS 的全称为层叠样式表(Cascading Style Sheets),是一种用来表现 HTML 或 XML 等文件样式的语言,它的作用是定义网页的外观(如字体、颜色等)。CSS 语言是一种标记语言,不需要编译,可以直接由浏览器解释执行。CSS 文件也可以说是一个文本文件,包含了一些 CSS 标记。CSS 文件必须以 .css 为文件名后缀。网页开发者可以通过简单地更改 CSS 文件来改变网页的整体表现形式,从而减少他们的工作量。CSS 不仅可以静态地修饰网页,还可以配合各种脚本语言动态地对网页各元素进行格式化,并可以和 JavaScript 等浏览器端脚本语言合作做出许多动态效果。CSS 能够对网页中元素位置的排版进行像素级精确控制,支持几乎所有的字体、字号样式,拥有对网页对象和模型样式编辑的能力。

HTML 标签用于定义文档内容,通过使用 <h>、<p>、<table>等标签,表达"这是标题""这是段落""这是表格"等信息。同时,文档布局由浏览器来完成,而不使用任何的格式化标签。但是不同的浏览器不断地将新的 HTML 标签和属性添加到 HTML 规范中,使得创建文档内容时独立于文档表现层的站点变得越来越困难。为了解决这个问题,我们就需要使用 CSS 技术。目前,几乎所有的主流浏览器均支持 CSS。

CSS 如何显示 HTML 元素?样式保存在外部的 .css 文件中,通过编辑一个简单的 .css 文件,外部样式表可实现同时改变站点中所有页面的布局和外观。由于允许同时控制多重页面的样式和布局,CSS 可以称得上是 Web 设计领域的一个突破。网页开发者能够为每个 HTML 元素定义样式,并将之应用于任意页面中。如需进行全局更新,网页开发者只需简单地改变样式,然后网页中的所有元素均会自动更新。

1.3.2 CSS 的工作原理

CSS 是一种定义样式结构(如字体、颜色、位置等)的语言,被用于描述网页上的信息格式化和实现方式。CSS 样式可以直接存储于 HTML 网页或者单独的样式表文件。无论哪一种方式,样式表都包含将样式应用到指定类型元素的规则。在外部使用时,样式表规则被放置在一个带有文件扩展名.css 的外部样式表文档中。样式规则是可应用于网页的元素,如文本段落或链接的格式化指令。样式表规则由一个或多个样式属性及其值组成。内部样式表直接放在网页中,外部样式表保存在独立的文档中,网页通过一个特殊标签链接外部样式表。CSS 中的"层叠"表示样式表规则应用于 HTML 文档元素的方式。具体地说,CSS 中的样式形成一个层次结构,更具体的样式可覆盖通用样式。样式规则的优先级由 CSS 根据这个层次结构决定,从而实现级联效果。

1.3.3　CSS 的特点

CSS 有如下几个特点：

（1）丰富的样式定义。CSS 提供了丰富的文档样式外观，具有设置文本和背景属性的能力。CSS 允许为任何元素创建边框，包括设置元素边框与其他元素间的距离、元素边框与元素内容间的距离；CSS 允许随意改变文本的大小写方式、修饰方式以及其他页面效果。

（2）易于使用和修改。CSS 可以将样式定义在 HTML 元素的 Style 属性中，也可以将其定义在 HTML 文档的 header 部分，还可以将样式声明在一个专门的 CSS 文件中，以供 HTML 页面引用。总之，CSS 可以将所有的样式声明统一存放，进行统一管理。

另外，CSS 可以将相同样式的元素进行归类，使用同一个样式进行定义。CSS 也可以将某个样式应用到所有同名的 HTML 标签中，或者将一个 CSS 样式指定到某个页面元素中。如果要修改样式，人们只需要在样式列表中找到相应的样式声明，并进行修改。

（3）多页面应用。CSS 可以单独存放在一个 CSS 文件中，这样人们就可以在多个页面中使用同一个 CSS。CSS 理论上不属于任何页面文件，但在任何页面文件中都可以将其引用，这样就可以实现多个页面风格的统一。

（4）层叠。简单地说，层叠就是对一个元素多次设置同一个样式，网页将使用最后一次设置的属性值。例如，对一个站点中的多个页面使用同一套 CSS，而某些页面中的某些元素想使用其他样式，就可以针对这些样式单独定义一个样式表应用到页面中。这些后来定义的样式将对前面的样式设置进行重写，在浏览器中看到的将是最后设置的样式效果。

（5）页面压缩。在使用 HTML 定义页面效果的网页中，往往需要大量或重复的表格和 font 元素形成各种规格的文字样式，这样做的后果是产生大量的 HTML 标签，从而使页面文件的大小增加。而将样式的声明单独放到 CSS 中，可以大大减小页面的体积，在加载页面时使用的时间也会减少。另外，CSS 的复用在很大程度上也缩减了页面的体积，减少了下载时间。

1.3.4　CSS 的基本语法

CSS 规则由两个主要部分构成，分别为选择器和声明，其格式如下所示：

$$selector \ \{declaration1；declaration2；...；declarationN \}$$

选择器通常是需要改变样式的 HTML 元素。每条声明由一个属性和一个值组成。属性是希望设置的样式属性，每个属性有一个值。属性和数值通过冒号分开。

1.3.5　在网页上应用 CSS

在 HTML 中有四种引入 CSS 的方式，分别是内联方式、嵌入方式、链接方式和导入方式。其中，内联方式和嵌入方式需要在 HTML 文件中直接添加 CSS 代码，链接方式和导入方式需要引入外部 CSS 文件。

1.3.5.1　内联方式

内联方式指的是直接在 HTML 标签的样式属性中添加 CSS。

示例代码如下：

```
< div style＝"background：red"> </div >
```

这通常是个很糟糕的书写方式,因为它只能改变当前标签的样式。如果想要多个标签拥有相同的样式,网页开发者不得不重复地添加相同的样式;如果想要修改一种样式,网页开发者又不得不修改所有的"style"中的代码。很显然,通过内联方式引入 CSS 代码会导致 HTML 代码变得冗长,且使得网页难以维护。

1.3.5.2　嵌入方式

嵌入方式指的是在 HTML 头部中的< style >标签下书写 CSS 代码。

嵌入方式的 CSS 只对当前的网页有效。因为 CSS 代码是在 HTML 文件中,所以会使代码比较集中。当人们写模板网页时,这种方式通常比较方便。因为查看模板代码的人可以一目了然地查看 HTML 结构和 CSS 样式。因为嵌入的 CSS 只对当前页面有效,所以当多个页面需要引入相同的 CSS 代码时,通过嵌入方式引入 CSS 会导致代码冗余,也不利于维护。

1.3.5.3　链接方式

链接方式指的是使用 HTML 头部的< head >标签引入外部的 CSS 文件。

示例代码如下：

```
< head >
    < link rel＝"stylesheet" type＝"text/CSS" href＝"style. CSS">
</head >
```

这是最常见、最推荐的引入 CSS 的方式。通过这种方式,所有的 CSS 代码只存在于单独的 CSS 文件中,所以具有良好的可维护性。因为所有的 CSS 代码只存在于 CSS 文件中,所以 CSS 文件会在第一次加载时引入,以后切换页面时只需加载 HTML 文件即可。

1.3.5.4　导入方式

导入方式指的是使用 CSS 规则引入外部 CSS 文件。

示例代码如下：

```
< style >
    @import url(style. CSS)；
</style >
```

链接方式和导入方式都是引入外部 CSS 文件的方式,下面我们来比较这两种方式,并且说明为什么不推荐使用导入方式。

(1)link 属于 HTML,通过< link >标签中的 href 属性来引入外部文件,而@import

属于 CSS,所以导入语句应写在 CSS 中。要注意的是,导入语句应写在样式表的开头,否则无法正确导入外部文件。

（2）导入方式是 CSS 2.1 才出现的概念,所以如果浏览器版本较低,无法正确导入外部样式文件。

（3）当 HTML 文件被加载时,link 引用的文件会同时被加载,而@import 引用的文件则会等页面全部下载完毕后再被加载。

通过以上比较,我们应尽量使用链接方式,通过<link>标签导入外部 CSS 文件,避免或者少使用其他三种方式。

1.3.6　CSS 选择器

在 CSS 中,选择器是一种模式,用于选择需要添加样式的元素。HTML 页面中的元素就是通过 CSS 选择器进行控制的。

CSS 选择器包括标签选择器、类选择器、ID 选择器、交集选择器、并集选择器、后代选择器、子元素选择器、属性选择器、结构伪类选择器、伪元素选择器、UI 状态伪类选择器、兄弟选择器以及通配符选择器(全局选择器)等。

（1）标签选择器:标签选择器指定类的所有元素的样式。

标签选择器的语法为:

元素名称{属性:属性值;...}

（2）类选择器:类选择器对 HTML 标签中的 class 属性进行选择。CSS 类选择器的选择符是“.”,在 CSS 样式编码中是最常用到的。类选择器的语法如图 1-2 所示。

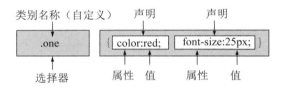

图 1-2　类选择器的语法

（3）ID 选择器:ID 选择器指定具有 ID 元素的样式。ID 选择器和类选择器用法一样,区别是同一个 HTML 页面中不能有相同的 ID 名称(使用多个相同的 ID 选择器时,浏览器不会报错但是不符合 W3C 标准,所以 ID 选择器的命名必须具有唯一性)。ID 选择器的语法如图 1-3 所示。

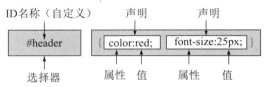

图 1-3　ID 选择器的语法

图 1-3 中,♯header 为选择器的 ID 名称,{color:red;font-size:25px;}为选择器的属性及值。

（4）交集选择器:交集选择器又称标签指定式选择器,由两个选择器构成,其中第一

— 13 —

个为标记选择器,第二个为类选择器或 ID 选择器,两个选择器之间不能有空格。交集选择器的语法如图 1-4 所示。

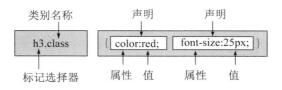

图 1-4　交集选择器的语法

(5)并集选择器:并集选择器是各个选择器通过逗号连接而成的,任何形式的选择器(包括标记选择器、类选择器、ID 选择器等)都可以作为并集选择器的一部分。如果某些选择器定义的样式完全相同或部分相同,则人们就可以利用并集选择器为它们定义相同的 CSS 样式。并集选择器的语法如图 1-5 所示。

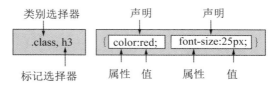

图 1-5　并集选择器的语法

(6)后代选择器:后代选择器用来选择元素或元素组的后代,其写法就是把外层标记写在前面,内层标记写在后面,中间用空格分隔。当标记发生嵌套时,内层标记就成为外层标记的后代。后代选择器的语法如图 1-6 所示。

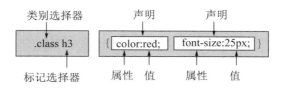

图 1-6　后代选择器的语法

(7)子元素选择器:子元素选择器的语法为

<父标签>子标签{属性:属性值;...}

子元素选择器有四种,分别为 first-child、last-child、nth-child、nth-last-child、only-child。

①E:first-child 选择器:单独指定第一个子元素的样式。

②E:last-child 选择器:单独指定最后一个子元素的样式。

③E:nth-child(n)选择器:匹配正数第 n 个子元素。

④E:nth-child(odd)选择器:匹配正数第 n 个奇数位的子元素。

⑤E:nth-child(even)选择器:匹配正数下来第 n 个偶数位的子元素。

⑥E:nth-last-child(n)选择器:匹配倒数第 n 个子元素。

⑦E:nth-last-child(odd)选择器:匹配倒数第 n 个奇数位的子元素。

⑧E:nth-last-child(even)选择器:匹配倒数第 n 个偶数位的子元素。

⑨E:only-child 选择器：只对唯一的子元素起作用。

⑩E:first-of-type 选择器：找第一个同类型的子元素。

⑪E:last-of-type 选择器：找最后一个同类型的子元素。

⑫E:nth-of-type(n)选择器：选择父元素中同类型的第 n 位匹配的子元素。

⑬E:nth-of-type(odd)选择器：选择父元素中同类型的奇数位匹配的子元素。

⑭E:nth-of-type(even)选择器：选择父元素中同类型的偶数位匹配的子元素。

⑮E:nth-last-of-type(n)选择器：选择父元素中同类型的倒数第 n 位匹配的子元素。

⑯E:nth-last-of-type(odd)选择器：选择父元素中同类型的倒数第 n 个奇数位匹配的子元素。

⑰E:nth-last-of-type(even)选择器：选择父元素中同类型的倒数第 n 个偶数位匹配的子元素。

⑱E:only-of-type 选择器：选择父元素只包含一个类型子元素的元素。

（8）属性选择器：属性选择器可以根据元素的属性及属性值来选择元素。属性选择器的语法主要有以下几种：

①E[attr]：用于选取带有指定属性的元素。

②E[attr＝value]：用于选取带有指定属性值的元素。

③E[attr ～＝value]：用于选取属性值中包含指定词汇的元素。

④E[attr ｜＝value]：用于选取属性值以 value 开头的或者值为 value 的元素。

⑤E[attr ^＝value]：用于选取属性值以 value 开头的元素。

⑥E[attr $ ＝value]：用于选取属性值以 value 结尾的元素。

⑦E[attr * ＝value]：用于选取属性值中包含 value 的元素。

（9）结构伪类选择器：类选择器和伪类选择器的区别在于类选择器可以随意起名，而伪类选择器是 CSS 中已经定义好的选择器，不可以随意起名。

最常见的伪类选择器有以下几种：

①a:link{color：♯ff6600}：未被访问的链接。

②a:visited{color：♯87b291}：已被访问的链接。

③a:hover{color：♯6535b2}：鼠标指针移动到链接上。

④a:active{color：♯55b28e}：正在被点击的链接。

（10）伪元素选择器：在 CSS 中，主要有四个伪元素选择器。

①first-line 伪元素选择器：用于对某个元素中的第一行文字使用样式。

②first-letter 伪元素选择器：用于对某个元素中的文字的首字母（欧美文字）或第一个字（中文或者是日文等）使用样式。

③before 伪元素选择器：用于在某个元素之前插入内容。

④after 伪元素选择器：用于在某个元素之后插入内容。

（11）UI 状态伪类选择器：UI 状态伪类选择器只在元素处于某种状态下起作用，在默认状态下不起作用。

①E:hover 选择器：用来指定鼠标指针移动到元素上时，元素所使用的样式。

②E:active 选择器：用来指定元素被激活时使用的样式。

③E:focus 选择器：用来指定元素获得光标聚焦点时使用的样式，在文本框控件获得

聚焦点并进行文字输入时使用。

④E:enabled 选择器:用来指定元素处于可用状态时的样式。

⑤E:disabled 选择器:用来指定元素处于不可用状态时的样式。

⑥E:read-only 选择器:用来指定元素处于只读状态时的样式。

⑦E:read-write 选择器:用来指定元素处于非只读状态时的样式。

⑧E:cehcked 伪类选择器:用来指定表单中的 radio 单选框或者 checkbox 复选框处于选中状态时的样式。

⑨E:default 选择器:用来指定页面打开时默认处于选中状态的单选框或复选框的控件样式。

⑩E:indeterminate 选择器:用来指定页面打开时,一组单选框中没有任何一个单选框被选中时,整组单选框的样式。

⑪E:selection 伪类选择器:用来指定元素处于选中状态时的样式。

⑫E:invalid 伪类选择器:用来指定元素内容不能通过 HTML5,但能通过使用的元素属性(如 required 等)所指定的检查或元素内容不符合元素规定格式时的样式。

⑬E:valid 伪类选择器:用来指定当元素内容能通过 HTML5,通过使用的元素属性(如 required 等)所指定的检查或元素内容符合元素规定格式时的样式。

⑭E:required 伪类选择器:用来指定允许使用 required 属性,且已经指定 required 属性的 input 元素、select 元素以及 textarea 元素的样式。

⑮E:optional 伪类选择器:用来指定允许使用 required 属性,但未指定 required 属性的 input 元素、select 元素以及 textarea 元素的样式。

⑯E:in-range 伪类选择器:用来指定当元素的有效值被限定在一段范围之内,且实际的输入值在该范围之内时的样式。

⑰E:out-of-range 伪类选择器:用来指定当元素的有效值被限定在一段范围之内,但实际输入值超过限定值时使用的样式。

(12)兄弟选择器:兄弟选择器有通用兄弟元素选择器和相邻兄弟选择器两种。

①通用兄弟元素选择器:用来指定位于同一个父元素之中的某个元素之后的所有其他某个种类的兄弟元素所使用的样式。其语法如下:

<子元素>~<子元素之后的同级兄弟元素>{}

②相邻兄弟选择器:只选取该元素相邻的兄弟选择器。其语法如下:

<子元素>+<子元素之后的同级兄弟元素>{}

(13)通配符选择器(全局选择器):通配符选择器(＊)既可以选择所有元素,也可以选择另一个元素内的所有元素,如下例所示:

```
{
    padding:0;
    margin:0;
}
div ＊{
    background"pink";
}
```

1.3.7　CSS 属性

1.3.7.1　字体

字体(font)属性定义文本的字体系列、大小、加粗、风格(如斜体)和变形。字体的常用属性有:

(1)font:font 的作用是把所有针对字体的属性设置在一个声明中。

(2)font-family:定义字体系列。

(3)font-size:定义字体的尺寸。

(4)font-style:定义字体的风格。

1.3.7.2　文本

文本(text)属性可定义文本的外观。通过文本属性,人们可以改变文本的颜色、字符间距、文本对齐方式,装饰文本,对文本进行缩进等。文本的常用属性有:

(1)color:定义文本颜色。

(2)text-align:定义文本对齐方式。

(3)letter-spacing:定义字符间隔。

1.3.7.3　背景

CSS 允许应用纯色作为网页背景(background),也允许使用背景图像创建相当复杂的网页效果。CSS 在这方面的能力远远在 HTML 之上。背景的常用属性有:

(1)background:简写属性,其作用是将背景属性设置在一个声明中。

(2)background-color:定义背景颜色。

(3)background-image:定义背景图片。

(4)background-position:定义背景图片的起始位置(如 left、center 或 right)。

(5)background-repeat:定义背景图片是否可重复及如何重复。

1.3.7.4　尺寸

尺寸(dimension)属性允许控制元素的高度和宽度。尺寸的常用属性有:

(1)width:设置元素的宽度。

(2)height:设置元素的高度。

1.3.7.5　列表

列表(list)属性允许放置、改变列表项标志,或者将图像作为列表项标志。列表的常用属性有:

(1)list-style:简写属性,其作用是把所有用于列表的属性设置在一个声明中。

(2)list-style-image:定义列表项标志为图像。

(3)list-style-position:定义列表项标志的位置。

(4)list-style-type:定义列表项标志的类型。

1.3.7.6 表格

表格(border)属性可以帮助人们极大地改善表格的外观。表格的常用属性有：

(1)border-collapse：定义是否把表格边框合并为单一的边框。

(2)border-spacing：定义分隔单元格边框的距离。

(3)caption-side：定义表格标题的位置(如 top、bottom)。

1.3.7.7 轮廓

轮廓(outline)属性是绘制于元素周围的一条线，位于边框边缘的外围，可起到突出元素的作用。CSS outline 属性规定元素轮廓的样式、颜色和宽度。轮廓的常用属性有：

(1)outline：在一个声明中设置所有的轮廓属性。

(2)outline-color：定义轮廓的颜色。

(3)outline-style：定义轮廓的样式。

(4)outline-width：定义轮廓的宽度。

1.3.7.8 定位

定位(positioning)属性允许对元素进行定位。定位的基本思想很简单，它允许定义元素框相对于其正常位置应该出现的位置，或者相对于父元素、另一个元素甚至浏览器窗口本身的位置。CSS 有三种基本的定位机制：普通流、浮动和绝对定位。定位的常用属性有：

(1)position：把元素放置到一个静态的、相对的、绝对的或固定的位置中。

(2)top：定位元素的上外边距边界与其包含块上边界之间的偏移量。

(3)right：定位元素右外边距边界与其包含块右边界之间的偏移量。

(4)left：定位元素左外边距边界与其包含块左边界之间的偏移量。

(5)bottom：定位元素下外边距边界与其包含块下边界之间的偏移量。

1.3.7.9 分类

分类(class)属性控制如何显示元素，设置图像显示于另一个元素中的何处，也可相对于其正常位置来定位元素，或者使用绝对值来定位元素，并设置元素的可见度。分类的常用属性有：

(1)clear：设置一个元素的侧面是否允许有其他的浮动元素。

(2)float：定义元素在哪个方向浮动。

(3)cursor：定义指向某元素之上时显示的指针类型。

(4)display：定义是否及如何显示元素。

(5)visibility：定义元素是否可见。

1.3.8 CSS 模型

在 CSS 中，盒模型在设计和布局时使用。所有 HTML 元素都可以看作一个盒子。CSS 盒模型本质上是一个盒子，可以封装盒模型周围的 HTML 元素，包括外边距、边框、内边距和实际内容。

　　盒模型允许在其他元素和周围元素的边框之间放置元素。图 1-7 就是一个盒模型。

　　盒模型各部分说明如下：

　　（1）margin（外边距）：清除边框外的区域后，外边距是透明的。

　　（2）border（边框）：围绕在内边距和内容外的边框。

　　（3）padding（内边距）：清除内容周围的区域后，内边距是透明的。

图 1-7　盒模型

　　（4）content（内容）：指盒子的内容，用于显示文本和图像。

1.4　JavaScript 的基本知识

　　网络系统有一个共同的瓶颈，就是客户端与服务端的通信代价，即它们的通信是需要交互时间的。当在页面上点击链接进行跳转时，由于需要等待新页面的下载，这时浏览器的整个窗口会是一片空白。使用框架集或内联框架可以稍微改善这种情况，使得页面局部刷新，但并不能从根本上阻止这种情况出现。网页开发者要尽量减少不必要的交互，从而减少网络上不必要的通信，降低服务器的压力。从另一个角度来看，减少交互就是提高网页的访问速度。也就是说，在 JavaScript 出现以前，在 Web 页中需要进行的所有处理也必须传回服务器，由服务器进行集中处理。服务器处理完毕后，再将处理结果通过网络传回客户端。即使只是简单的验证邮箱地址，也必须由服务器进行处理。当用户数量巨大时，网络和服务器的负担都会增加。因此，我们需要一种新技术来实现在客户端进行交互的需求，以减轻服务器的负担，加快网络速度。在此背景下，脚本语言产生了。

　　在网页技术中，人们可使用脚本语言来开发客户端程序。这些脚本程序由用户的浏览器解释执行，不需要和服务器进行通信，从而实现了在客户端验证用户输入的信息，减少了不必要的等待时间。

　　常用的网页脚本技术有 JavaScript、VBScript 和 JScript。其中，VBScript 和 JScript 都是微软推出的脚本技术。与 JavaScript 相比，VBScript 代码琐碎，难以阅读，在微软的软件中能得到很好的支持，但在其他大公司的软件里不能很好地兼容。目前，JScript 只有微软的 IE 浏览器支持。JavaScript 代码易于阅读，易于学习掌握，几乎所有的浏览器都能很好地支持 JavaScript。

　　JavaScript 是一种直译式脚本语言，是一种动态类型、弱类型、基于原型的语言。它的解释器被称为 JavaScript 引擎，为浏览器的一部分。JavaScript 是一种被广泛用于客户端的脚本语言，可以用来制作网页特效、提供表单前端验证、窗口动态操作，提高系统工作效率。JavaScript 代码可直接嵌入 HTML 文件中，随网页一起传送到客户端浏览器，然后通过浏览器来解释执行。

1.4.1　JavaScript 的基本特点

1.4.1.1　基于对象

JavaScript 是基于对象（object-based）的，而不是面向对象（object-oriented）的，这主要是因为它没有提供像抽象、继承、重载等有关面向对象的许多功能。JavaScript 把 HTML 对象、浏览器对象以及自身的内置对象等统一起来，形成一个非常强大的对象系统。

1.4.1.2　事件驱动

事件驱动是指 JavaScript 所实现的功能是根据页面上产生的事件来执行的，如鼠标点击、键盘按键等。特定的脚本代码功能要和不同的事件联系起来。当页面上发生相应事件时，浏览器解释执行。

1.4.1.3　脚本语言

脚本语言就是不需要编译，直接嵌在 HTML 网页中，以源码形式存在，由浏览器解释执行的语言。脚本语言简单理解就是在客户端的浏览器就可以互动响应处理程序的语言，而不需要服务器的处理和响应。当然，JavaScript 也可以做到与服务器交互响应，而相对的服务器语言（如 ASP、PHP、JSP 等）则需要将命令上传给服务器，由服务器处理后回传处理结果。

1.4.1.4　安全性

JavaScript 不能访问本地硬盘，不能把数据存到服务器上，不允许对网络文档进行修改和删除，因而脚本语言具有很高的安全性。

1.4.1.5　动态性

JavaScript 是动态的，直接对用户或客户输入做出响应，无须经过 Web 服务器。

1.4.1.6　跨平台性

JavaScript 依赖于浏览器本身，与系统环境无关，所有主流的浏览器都支持 JavaScript，因而其跨平台性良好。

1.4.2　JavaScript 与 Java、JSP 和 J2EE 的区别

JavaScript 用于编写嵌在网页文档中的程序，它由浏览器负责解释执行，可以在网页上产生动态显示效果，实现人机交互的功能。

Java 是一种基础性的语言，是学习 JSP、J2EE 的基础。JavaScript 与 Java 虽然在语法上相似，但却是不同公司的产品，应用范围也不同。Java 是可以支持企业级架构的高级程序设计语言，而 JavaScript 是只用于网页的脚本语言。

　　很多人看到 Java 和 JavaScript 都有"Java"四个字母,就以为它们是同一样东西。其实它们是完全不同的两种东西。Java 的全称是 Java Applet,是嵌在网页中而又有自己独立的运行窗口的小程序。Java Applet 是预先编译好的,一个 Applet 文件(.class 文件)用 Notepad 打开后,人们很难理解其含义。Java Applet 的功能很强大,可以访问 HTTP、FTP 等协议。相比之下,JavaScript 的功能比较弱。JavaScript 是一种"脚本"(Script),它直接把代码写到 HTML 文档中,浏览器只有在读取它们的时候才进行编译、执行,所以能查看 HTML 源文件就能查看 JavaScript 源代码。JavaScript 没有独立的运行窗口,浏览器当前窗口就是它的运行窗口。

　　JSP 可使 WWW 服务器产生内容可变的网页文档,并对用户提交的表单数据进行处理。

　　J2EE 用于开发大型的商业系统。例如,用户在各个银行之间取、存款时,银行之间要互通有无,执行存、取款的记录操作,进行安全性检查。通过 J2EE,开发人员不用编写底层的细节程序,从而可以将精力集中到应用的业务流程设计上。

1.4.3　在 Web 页面中使用 JavaScript

　　JavaScript 代码是嵌入 HTML 文件中的,主要有两种形式:

　　(1)在页面中嵌入脚本代码:在 HTML 文件中可以进行 JavaScript 功能的定义,使用< script >标签可以在页面的头部定义脚本功能,也可以在主体内进行定义。

　　(2)引入外部脚本文件:将脚本代码另存为文件,文件名的格式为 * .js。这种形式一般在页面的头部引入外部脚本。

习　题

1. 前端开发主要用到哪些开发技术?
2. HTML 常用标签有哪些?
3. CSS 引入方式有哪几种?
4. Web 前端与 Web 后端的区别有哪些?
5. 你知道哪些 Web 前端框架? 它们各有什么特点?

实　践

　　请利用本章所学的前端开发技术,为自己学校设计一个网页。

第 2 章　PHP 开发基础

2.1　PHP 概述

PHP(HyperText Preprocessor,超文本预处理器)起源于 1995 年,是一种运行于服务器端,跨平台的、HTML 嵌入式的、面向对象的脚本语言。它混合了 C、Java 和 Peril 等语言的特点,语法结构简单,易于入门。PHP 被广泛应用于各种应用程序开发,尤其是 Web 应用程序开发。在移动应用开发方面,PHP 近年来也得到了广泛的应用,其官网推出的最新版本是 8.0 版本,比较成熟的版本是 6.0 版本。

2.1.1　PHP 的优势

PHP 属于开放源代码。使用 PHP 进行 Web 应用程序开发的优势主要有:

(1)易学性。PHP 嵌在 HTML 语言中,语法简单,书写容易,内置函数丰富,功能强大,易于学习掌握。

(2)开源性。PHP 是免费的开源软件,在其官网可以免费下载。

(3)安全性。在常见的 Web 应用程序开发语言中,PHP 的安全性较高是公认的。它可在 APEC 平台编译后运行。

(4)跨平台性。PHP 对操作系统平台的支持很广泛,几乎所有常见的操作系统平台都能很好地运行,而且它还支持 Apache、IIS 等多种服务器。

(5)强大的数据库支持。多种数据库均支持 PHP 语言,如 MySQL、Access、SQL Server 以及 Oracle 等。目前,比较流行的是 PHP 语言与 MySQL 数据库组合使用。

(6)执行快。PHP 内嵌 Zend 加速引擎,性能稳定,占用资源少,代码执行速度快。

2.1.2　PHP 的应用领域

PHP 的应用领域非常广泛,主要有:

(1)中小型网站开发。

(2)大型网站的业务结果展示。

(3)Web 办公管理系统。

(4)电子商务应用。

（5）Web 应用系统开发。

（6）多媒体系统开发。

（7）企业应用开发。

（8）移动应用开发。

PHP 在程序设计、软件开发界的地位日益突出，吸引了大量的开发人员。PHP 的发展速度也远快于之前出现的任何一种计算机语言。根据最新的统计数据，全球超过两千万个网站与近两万家公司正在使用 PHP 语言，包含百度、雅虎、谷歌等著名网站，以及许多银行、航空公司。甚至对网络环境要求非常苛刻的军事系统，都选择使用 PHP 语言，可见其魅力之大，功能之强，性能之佳。

2.1.3　软件模式

随着网络技术的不断发展，互联网已经渗透到人们日常生活的方方面面。传统的单机模式的软件程序已经成为过去式，取而代之的是网络模式下各种各样的软件程序。C/S模式与 B/S 模式是软件程序中运用最多的两种模式。

2.1.3.1　C/S 模式

C/S 模式的全称是 Client/Server，即客户机/服务器模式。在这种模式的软件程序中，所有的工作由服务器与客户机完成。C/S 模式如图 2-1 所示。

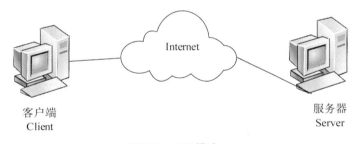

图 2-1　C/S 模式

在 C/S 模式中，软件分成两部分：一部分运行在服务器端，负责管理外界与数据库的访问，为多个客户机程序管理数据，对 C/S 模式中的数据库层层加锁，进行保护；另一部分运行在客户机上，负责与软件用户交互，收集用户信息，通过网络向服务器提交或请求数据。此类软件常见的有 QQ、微信等。

2.1.3.2　B/S 模式

B/S 模式的软件不需要在客户端再安装任何软件，统一使用浏览器操作。用户通过浏览器向软件程序所在的服务器发出操作请求，由服务器对数据库进行操作请求，后将结果传回给客户机的浏览器。B/S 模式如图 2-2 所示。

图 2-2　B/S 模式

由图 2-2 可知,B/S 模式是一种三层体系结构的软件结构。它简化了客户机的工作,把更多的工作交给服务器,而数据的存储、处理、查询等工作则交给数据库系统完成。

2.1.3.3　两种模式的比较分析

相对于 C/S 模式而言,B/S 模式有更多的优势。例如,B/S 模式的开发与维护成本较低,客户机的负载较轻,可移植性更强,用户界面更友好,安全性更高。

目前,大量的应用开发软件都转移到 B/S 模式上。互联网的深入人心,移动通信终端技术的日益完善与强大,电子商务进一步发展的需求,客户机简便化的使用要求等因素都进一步推动了 B/S 模式的广泛应用。

2.1.4　PHP 的工作原理

使用 PHP 开发的系统就是一个典型的 B/S 模式软件,它由一系列的 PHP 程序文件组成。PHP 网站存放并运行在 Web 服务器上,其工作原理如图 2-3 所示。

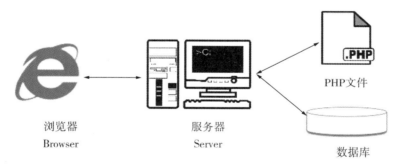

浏览器　　　　　　　　服务器　　　　　　　　
Browser　　　　　　　　Server　　　　　　　　数据库

图 2-3　PHP 网站的工作原理

Browser 表示客户机的浏览器,即 B/S 模式中的 B 端;Server 表示服务器端,即 B/S 模式中的 S 端。从功能结构上看,服务器端同时包括了 PHP 网站的脚本文档和数据库。

PHP 网站的工作流程如图 2-4 所示。如果服务器支持 PHP 程序,则服务器在响应客户机对 PHP 页面的访问请求时,会进行下列处理:首先,在一个 PHP 文件内,标准的 HTML 编码会被直接送到客户机浏览器上,而内嵌 PHP 程序则先被 Apache 解释运行。涉及数据读写时,由数据库完成。然后,把运行的结果以 HTML 编码的形式发送到客户机浏览器上,如果是标准输出的话,输出信息也将作为标准的 HTML 代码被送至浏览器。

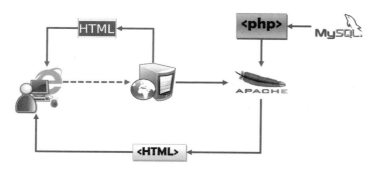

图 2-4　PHP 网站的工作流程

2.2　PHP 开发环境搭建

　　学习 PHP 程序,首先要学会搭建 PHP 的开发与运行环境。Windows 与 Linux 有多种不同的 PHP 开发工具和服务器软件,其安装配置过程大同小异。考虑到绝大多数的个人计算机(简称 PC)用户使用 Windows 系统,本书只介绍 Windows 系统中相关开发工具与运行环境的配置。

2.2.1　工具介绍

　　在 Windows 系统中,PHP 开发的主要工具如下:
　　(1)程序编辑软件:Dreamweaver。
　　(2)服务器软件:Apache。
　　(3)数据库软件:MySQL。
　　使用集成软件包——phpStudy 可以实现 Apache＋PHP＋MySQL 的一步安装到位,十分方便快捷。
　　phpStudy 软件包集成了多种服务器软件及数据库软件,包括 Apache、Nginx、LightTPD、PHP、MySQL、phpMyAdmin、Zend、Optimizer 以及 Zend Loader。在安装 phpStudy 时,这些软件均可一次安装,无需再做复杂的配置。phpStudy 全面支持 Windows 7、Windows 10 等操作系统。phpStudy 提供了非常方便、好用的 PHP 调试环境,并且该软件免费,可以直接从官网下载。
　　PHP 的程序编辑软件比较容易获得,任何文本编辑工具都可以编辑 PHP 程序,如 Windows 自带的记事本。但还有不少专门用于 PHP 开发的程序编辑器,这类软件为程序员提供了很好的用户界面及 PHP 编码提示,不仅可以提高编码效率,而且能够在开发过程中及时发现问题。Dreamweaver、Notepad 和 Sublime 都是非常流行的 PHP 编辑工具。
　　本书使用的 Dreamweaver 版本是 Dreamweaver CC,phpStudy 版本是 8.1.1.3,操作系统是 Windows 10 x64。

2.2.2 phpStudy 的下载安装

从官网下载 phpStudy 安装包后,可按照以下步骤进行安装。

（1）双击 phpStudy Setup. exe 文件,打开如图 2-5 所示的安装界面。

图 2-5　phpStudy 安装界面

（2）选择安装路径后,单击"是",进入软件包解压界面。

（3）解压完成后,软件将自动运行并完成安装。

（4）安装完毕后,双击桌面上的 phpStudy 图标,即可运行 phpStudy 软件。phpStudy 主界面如图 2-6 所示。

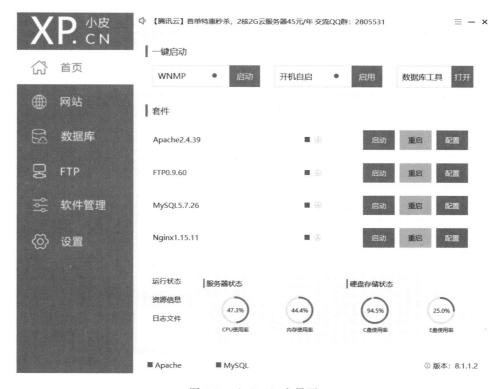

图 2-6　phpStudy 主界面

2.2.3　phpStudy 的配置与使用

（1）启动 Apache 服务器：在 phpStudy 主界面中，单击"启动"按钮，即可启动 Apache 服务器。

（2）配置网站参数：选择图 2-6 所示界面左侧选项栏中的"网站"选项，单击"管理"按钮，执行"修改"命令，打开"网站"对话框，就可以配置网站的域名、端口、根目录等信息，如图 2-7 所示。

（3）安装 MySQL：单击图 2-6 所示界面左侧选项栏中的"软件管理"按钮，选择"数据库"选项卡，可以选择相应版本的 MySQL 数据库进行安装，界面如图 2-8 所示。安装成功后，单击图 2-8 所示界面左侧选项栏中的"首页"选项，界面跳回图 2-6 所示界面，然后单击 phpStudy 主界面中 MySQL 右侧的"启动"按钮，就可以启动 MySQL 数据库。

图 2-7　配置网站参数界面

图 2-8　安装 MySQL

用户可以根据实际需要来安装 PHP 开发的其他软件。

2.2.4 PHP 初体验

下面我们来编写一个简单的 PHP 程序,熟悉它的工作原理。

(1)在编辑器中,编写以下程序,并保存在 PHP 的网站根目录下。下面给出了一个显示时间的程序案例。

```
<html xmlns="http://www.w3.org/1999/xhtml">
    <head>
    <meta http-equiv="Content-Type" content="text/html; charset=utf-8" />
    <title>PHP 演示文档</title>
    </head>
    <body>
    <?php
        $A=date("Y-m-d h:i:s",time());//获取当前时间
        echo "现在的时间是:". $A;
    ?>
    </body>
</ html>
```

图 2-9 是上述程序通过 phpStudy 在浏览器中运行的结果。

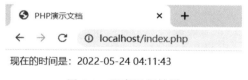

图 2-9　程序运行结果

(2)下面对程序进行简单的说明。

程序标签:所有的 PHP 程序都必须写在<?php ?>标签之内,只有这样 PHP 解释器才能识别。

区分大小写:PHP 语言对英文大小写字母敏感,A 与 a 将被识别为两个不同的对象。

语句结束符:PHP 以英文分号为一句程序的结束符。

注释符://为单行注释符,/ * 和 * /为多行注释符。

文件后缀名:含有 PHP 程序的文件,其后缀名必须为 . php,只有这样其中的 PHP 程序才能被执行。

格式:可一行书写多句 PHP 程序,也可将一句 PHP 程序写成几行。

2.3　常量与变量

2.3.1　变量

计算机中所有参与运算的数据都必须先调入到内存中。利用这个特点,计算机可以留出两个内存空间,用于保存这两个加数的值。在进行求和时,人们只要确保使用的是这两个内存空间中的数据即可,而不需关心具体的数据是什么。

变量是 PHP 引入的一种"内存命名机制",即给某个内存空间自定义一个名称,由计算机操作系统分配好具体的内存空间后,自动将命名与真正的内存地址映射对应。变量所占内存空间的大小取决于变量中所要保存数据的类型。

在非中途强行释放的前提下,变量名与内存空间地址之间的映射关系在程序运行期内一直有效。程序运行结束,操作系统回收内存空间,变量名失效。

在 PHP 中,变量分为自定义变量、预定义变量与外部变量三种。

2.3.1.1　自定义变量

自定义变量的命名规则如下:①用美元符号"$"定义。②变量名中的字符必须是由英文字母或下划线开头,后续字符只能是英文字母、数字或下划线。③不允许包含中文字符或其他特殊英文字符。④不能使用系统关键字或预定义变量名,如 $_files 是合法的变量名,$2a 是非法的变量名。

把数据存放到变量名对应的内存空间中,称为变量的赋值。赋值时,可以把一个具体的数据直接赋值给变量,也可以通过另一个变量名给变量赋值。变量赋值的语法格式如下:

$$\$A = value$$
$$\$A = \$B$$

PHP 允许采用"引用赋值"方式,即利用另一个变量给变量赋值。引用赋值的语法格式如下:

$$\$A = \& \$B$$

注意:在引用赋值的方式中,被赋值变量与赋值变量共享同一个内存空间,任何一方的值改变,另一方也随之改变。

2.3.1.2　预定义变量

预定义变量是 PHP 已经事先定义好的变量,每个变量名都有其特定的意义和功能,程序员不需要再特别声明与初始化,可直接使用。预定义变量名有两个共同点:①都是以"$"开始;②变量名都是纯大写英文字母。预定义变量有三类,分别为 Web 服务器变量、系统环境变量和外部变量。

实例 2-1 变量的赋值。

程序代码如下：

```php
<? php
    $ A＝12；//直接赋值
    $ B＝＆$ A；//引用赋值
    echo "A＝". $ A. "< br >";
    echo "B＝". $ B. "< br >";
    $ A＝25；//改变 A 的 echo "A 的值变为 25 以后，B＝". $ B. "< br >";
    $ B＝20；//改变 B 的值
    echo "B 的值变为 20 以后，A＝". $ A；
? >
```

程序运行结果如图 2-10 所示。

图 2-10　程序运行结果

2.3.2　常量

常量与变量一样，也是某个内存空间的名称。不同的是，常量中的值一旦被定义，后面就不允许再作改变。常量也分为自定义常量与预定义常量。

2.3.2.1　自定义常量

定义一个常量，使用 define( )函数，其语法格式如下：

define("常量名"，"常量值")

注：常量的值只能是直接的数据，不能通过另一个变量或常量来赋值。常量的作用域是全局的，如 Define(A，120)为正确定义，Define(A，$ B)为错误定义。

2.3.2.2　预定义常量

预定义常量是 PHP 已经定义好的常量，它们主要保存了 PHP 以及其所在的机器环境的一些基本信息，如 PHP 的版本、操作系统和程序的行数等。

所有的预定义常量都用大写英文字母命名，某些预定义常量用两个下划线开始，用两个下划线结束，如"__FILE__"。

实例 2-2 根据输入的半径，计算圆的面积。

程序代码如下所示：

```
< form id＝"form1" name＝"form1" method＝"post" action＝"">
```

```
<p>请输入圆的半径：
    <input type="text" name="r" id="r" />
    <input type="submit" name="button"value="计算" />
</p>
</form>
<? php
    define("pi",3.142);   //定义圆周率常量 π
    if(isset($_POST['button']))      {
        $r=$_POST['r'];
        if(is_numeric($r)&& $r>=0) {
            $s=pi * pow($r,2);      //计算圆的面积
            echo "圆的半径是".$r."<br>";
            echo "圆的面积是".$s;
        }    }
?>
```

在该实例中，首先定义了一个表单，在表单中添加文本框和单选按钮控件，以实现输入圆的半径，计算圆的面积的功能。程序通过 define("pi",3.142)来定义圆周率常量 pi，也就是固定圆周率 π 的值，以避免重复输入，产生错误。程序运行结果如图 2-11 所示。

图 2-11　程序运行结果

2.4　PHP 的数据类型

数据类型既表明了数据的性质，也直接影响了存储该数据的变量在内存中所占用的空间大小。

数据类型是程序设计语言的基础。PHP 的数据类型包括数值型、字符串型、布尔型（Boolean）、数组型等。

2.4.1　数值型

PHP 的数值型数据有两种：整型与浮点型。我们可以简单地理解为数学中的整数都是整型，小数都是浮点型。PHP 中的整型数据可以是八进制，也可以是十六进制。声明

时,分别在前面加 0 或 0x 即可。

如果一个变量中存储的数据是整型,那么这个变量就是整型变量。下面给出了一个数据类型定义的程序案例。

```
<? php
    $ A＝12；          //定义的变量 A 是整型
    $ B＝21.5；         //变量 B 是浮点型
    $ C＝0203；         //变量 C 是八进制整型
    $ D＝0x12AF87；      //变量 D 是十六进制整型
?>
```

2.4.2 字符串型

纯字符含义的数据称为字符串型。定义字符串型数据的方法有两种:用单引号将数据括起来、用双引号将数据括起来。字符串变量的定义格式如下:

$$\$ A='123';$$
$$\$ B="123";$$
$$\$ C="PHP 程序设计";$$

如果需要用 echo 语句输出大篇幅的字符串,且字符串中含有大量的单引号与双引号,此时,无论使用单引号还是双引号来定义这些字符串,都相当不便,需要进行大量的转义处理。程序员可以使用 PHP 的字符串界定符"<<<"来解决以上不便。字符串界定符的定义格式如下:

```
echo <<<界定符名
字符串内容
界定符名；
```

界定符名可以自定义,遵守 PHP 的变量命名规则即可,不需要用 $。界定符名所在的行必须顶格写,不能含有任何其他字符(包括空格)。在界定符名范围内的所有内容都依照其原本的含义与格式输出,不再需要单引号或双引号进行转义。

2.4.3 布尔型

布尔型也称逻辑型,是所有数据类型中最简单的一种。它只有 true(真)与 false(假)两种值,并且 PHP 对这两个值不区分大小写。

在程序设计中,一切可以用"肯定"与"否定"来表达的问题,都可以用布尔型数据来表示。

在流程控制中,布尔型变量的使用非常广泛,尤其是在条件判断型流程中。

2.4.4 数组型

数组是一种特殊的变量,它能够存储一个或多个值。数组中的每一个值都称为一个元素,元素所在的序位称为数组的下标。每一个元素还可以单独拥有自己的命名,称为键名。

PHP 用 array( )函数来定义一个数组,其完整的语法格式如下:

$ 变量名＝array(键名 1=>值 1,键名 2=>值 2,键名 3=>值 3,⋯)

在 PHP 中,一个由 N 个字符组成的字符串变量可以看成是具有 N 个元素的数组,每个元素就是一个字符。例如 $ S＝"a2bc",可以把变量 $ S 看作是一个由 a2bc 四个元素组成的数组。其中, $ A[0]='a', $ A[1]='2', $ A[2]='b', $ A[3]='c'.

2.4.5　数据类型的转换

把不同类型的数据转化成同一类型的数据以便于运算处理,称为数据类型的转换。例如,"123"是一个字符串,如果要用它来进行数学运算是不行的,必须先将其转换成数值 123 才能正确运算。

PHP 的数据类型转换有两种形式:隐式转换与显式转换。

2.4.5.1　隐式转换

隐式转换不需特别说明,由 PHP 自己根据实际运算,按其默认的转换规则对参与运算的数据进行类型转换,也称为自动转换。具体的转换规则既与数据值有关,也与所进行的运算有关。

符合运算操作需要的数据类型称为运算类型,不符合运算操作需要的数据类型称为非运算类型,PHP 的隐式转换就是把运算中的"非运算类型"数据转换为"运算类型"数据,使运算得以正常进行。

2.4.5.2　显式转换

显式转换也称为强制转换,即明确地在程序中声明将某个数据类型的值转换成另一个数据类型。

实现显式转换的方法有两种:使用强制类型转换关键字、使用类型转换函数。

PHP 强制类型转换的其他关键字如下:

(1)int 和 integer:转换为整型(integer)。

(2)bool 和 boolean:转换为布尔型(boolean)。

(3)float、double 和 real :转换为浮点型(float)。

(3)string:转换为字符串(string)。

(4)array:转换为数组(array)。

(5)object:转换为对象(object)。

(6)unset:转换为空(NULL)。

实例 2-3　数据类型及使用。

本实例要实现的功能是根据输入的分数判定考试是否通过。首先添加 form 表单,然后在表单中添加文本框和单选按钮两个控件。通过对文本框输入的数字进行比较,判断学生的成绩是否及格。程序代码如下:

```php
<? php
if ((＄_POST['score']! ＝" ")
            {
                    ＄A＝(float)＄_POST['score'];    //将成绩转换为浮点型
                    if(＄A＞＝60)
                            echo "恭喜你,考试通过了!";
                    else
                            echo "很遗憾,考试没通过!";
            }
?＞
```

程序分析如下:

(1)第一个 if 语句利用 if(＄_POST['button'])判断 ＄_POST 变量中的 button 值是否存在。如果存在,函数 if()的返回值为 true,否则为 false。if 语句中只有括号中的最后值为 true 时,才会执行{}内的程序。

(2)第二个 if 条件语句判断文本框中的成绩值是否为空字符串。如果不是,则表达式"＄_POST['score']! ＝" ""成立。若表达式的结果是 true,则执行第二层{}中的程序。

(3)第三个 if 条件语句利用表达式"＄A＞＝60"判断分数是否及格。若表达式成立,则结果为 true,执行第一个 echo 语句,否则执行 else 下面的 echo 语句。

程序运行结果如图 2-12 所示。

图 2-12 程序运行结果

2.5 运算符与表达式

运算符是计算机进行各种运算的依据,与变量、常量、函数及各种值共同构成程序的表达式。

PHP 的运算符包括算术运算符、赋值运算符、位运算符、逻辑运算符、关系运算符、递增和递减运算符、三目运算符等。

2.5.1　算术运算符

PHP 的算术运算符一共有六种,分别是加(＋)、减(－)、乘(＊)、除(/)、负(－)、取模(％)。其中,取模相当于数学运算中的"求余数",也称为"求余"。取模运算得到的余数的正负性与被除数的性质相同。参与算术运算的操作数必须是数值型,如果不是,PHP将自动转换为数值型。

算术运算符的优先级从左到右依次是乘、除、取模、负、加、减。例如,$A＝－8/4＋3＊3％4－5$ 的运算顺序为先算 8/4,再算 3＊3％4,最后依次执行加减运算。

2.5.2　赋值运算符

基本的赋值运算符是"＝",作用是将"＝"右边的操作数的值存到左边的变量中。为简化程序的写法,还有"＋＝""－＝""＊＝""/＝"以及".＝"等赋值符,其含义都表示赋值符左边的变量在原值的基础上进行相应运算以后,再将运算的结果重新赋予原变量。

2.5.3　位运算符

位运算符可以操作的数据类型只能是字符串型或整型。若操作数都是字符串,计算机先将操作数转换成对应的 ASCII 码,然后再将 ASCII 码转换为二进制值,最后按照其二进制位进行运算。运算完二进制位以后,计算机先将运算结果转换成 ASCII 码,再将该 ASCII 码转换成对应的字符串。若操作数都是整数,可直接将整数值转换成二进制值,进行位运算,然后将运算结果转换回相应的整数值。

位运算符及其含义如表 2-1 所示。

表 2-1　位运算符及其含义

运算符	含义
&	与
		或
^	异或
~	非
<<	左移
>>	右移

位运算符的运算规则如下:

(1)与:若操作数都为 1,则结果为 1。

(2)或:若操作数都为 0,则结果为 0。

(3)异或:若操作数相同,则结果为 0;若操作数不同,则结果为 1。

(4)非:结果永远与操作数相异。

在位运算中,如果一个操作数是整型,另一个是字符串型,则先将字符串型操作数转换为整型,再按两个整型的位运算进行运算。

在位移运算中,任何被移出的位都将被直接丢弃。左移时右侧以零填充,符号位被移走,意味着正负号不被保留;右移时左侧以符号位填充,意味着正负号被保留。PHP 不支持字符串进行位移操作。

2.5.4 逻辑运算符

逻辑运算的操作数必须是布尔型数据,或者结果是布尔型的表达式。逻辑运算有与、或、非、异或四种,其运算规则与位运算中的与、或、非、异或一样,只是其操作数都是布尔型。

逻辑运算符与及其含义如表 2-2 所示。

表 2-2　逻辑运算符及其含义

运算符	含义	说明
&& 或 and	与	t&&t=t,t&&f=f,f&&f=f
|| 或 or	或	t||t=t,t||f=t,f||f=f
!	非	!t=f, !f=t
xor	异或	txort=f,txorf=t,fxorf=f

2.5.5 关系运算符

关系运算符也称为比较运算符,主要用来比较运算符两边操作数的大小。关系运算符如表 2-3 所示。

表 2-3　关系运算符及其含义

运算符	含义	说明
==	等于	若类型转换后 $a 等于 $b,则结果为 true
===	全等	若 $a 等于 $b,并且它们的类型也相同,则结果为 true
!=	不等	若类型转换后 $a 不等于 $b,则结果为 true
<>	不等	若类型转换后 $a 不等于 $b,则结果为 true
!==	不全等	若 $a 不等于 $b,或者它们的类型不同,则结果为 true
<	小于	若 $a 严格小于 $b,则结果为 true
>	大于	若 $a 严格大于 $b,则结果为 true
<=	小于等于	若 $a 小于或者等于 $b,则结果为 true
>=	大于等于	若 $a 大于或者等于 $b,则结果为 true

关系运算符中,除了全等运算符“===”与不全等运算符“!==”以外,其他运算符的操作数如果类型不同,PHP 会按自动转换规则进行数据转换,然后再进行比较运算。例如,12 >“a”的结果为 true,这是因为“a”转为数值型后的值为 0。

如果是两个字符串进行关系运算,那么计算机将按字符的顺序,取其 ASCII 码大小进行比较。例如,"abc"<"ABC"的结果为 false,这是因为"a"的 ASCII 码大于 A 的 ASCII 码,而"abc">"aBc"＝true。

如果是两个中文字符串进行关系运算,按字符的顺序,取其拼音进行比较。例如,"我们">"你们"的结果为 true,这是因为"wo">"ni"的结果为 true。

2.5.6　递增、递减运算符

递增和递减运算符的运算原理是:在操作数原值的基础上加 1 或减 1 以后,如操作数是变量,那么递增或递减后的值又被赋回原变量。

递增和递减有两种形式:前置版本(＋＋＄或－－＄)和后置版本(＄＋＋或＄－－)。这两者的主要区别在于运算过程,前者是先把变量的值加 1,再将新值赋给变量;后者是先返回变量的值,再将变量中的值加 1。

2.5.7　三目运算符

三目运算符也叫三元运算符,即"?:",其语法格式如下:

条件?值 1:值 2

三目运算符的运算原理是先判断条件是否成立:如果条件成立,运算的结果为"值 1";如果条件不成立,运算的结果为"值 2"。

2.5.8　运算符的优先级

PHP 中的各类运算符存在优先级高低之分,优先级高的先运算。PHP 也支持运算符"( )",并且优先级最高。表 2-4 按从高到低的顺序列举了 PHP 中常用运算符的优先级。

表 2-4　常用运算符的优先级

序号	运算符	说明
1	!	逻辑运算符(非)
2	*	算术运算符(乘)
3	/	算术运算符(除)
4	%	算术运算符(取模)
5	＋	算术运算符(加)
6	－	算术运算符(减)
7	.	字符串运算符(连接)
8	<<,>>	位运算符(左移、右移)
9	<,<=,>,>=	比较运算符
10	==,!=,===,!==,<>	比较运算符
11	&	位运算符(与)

续表

序号	运算符	说明
12	^	位运算符（异或）
13	|	位运算符（或）
14	&&,and	逻辑运算符（与）
15	||,or	逻辑运算符（或）
16	? :	三目运算符
17	=,+=,-=,*=,/=等	赋值运算符
18	xor	逻辑运算符（异或）

编写一个比较复杂的运算表达式时，即使正确按照各类运算符的优先级进行编写，也应该适当利用括号来强调其运算顺序，这样既有利于提高代码的可读性，也有利于代码的可维护性，是一种良好的编程习惯。

2.5.9 表达式

由操作数、运算符共同组成用于完成某些计算的语句称为表达式，表达式是 PHP 程序重要的基础。由于键盘符号的限制、PHP 运算符优先级的高低以及运算符结合规则的限制，现实问题的实际数学表达式在用程序表达时，往往需要进行一定的转化才能形成正确的 PHP 表达式。

能够正确书写符合运算需求的表达式是每一个程序设计学习者应该掌握的基础知识之一。

实例 2-4 设计一个消费满 100 减 10 的优惠程序。

程序源代码如下：

```php
<?php
    $sj_cost=102;
    $zh_cost=$sj_cost>100?$sj_cost-10:$sj_cost;
    echo "实际消费".$sj_cost."元,请缴费".$zh_cost."元";
?>
```

其中，$sj_cost 为实际消费额；$zh_cost 为折后金额，通过三目运算符 $zh_cost=$sj_cost>100?$sj_cost-10:$sj_cost 获取。

程序运行结果如图 2-13 所示。

实际消费102元，请缴费92元

图 2-13 程序运行结果

2.6　程序控制结构

程序流程控制中,有三大结构:顺序结构、条件分支结构、循环结构。顺序结构是按顺序逐句运行的结构,是最常见的,也是其他两种结构的基础。另外,条件分支结构与循环结构还会与自己结合或互相结合,形成嵌套结构。

2.6.1　条件分支结构

条件分支结构根据条件的成立与否,决定程序的分支走向。条件分支结构共有三种,分别为单分支、双分支、多分支。其中,多分支条件分支结构是在前面两种条件分支结构的基础上,衍变出来的一种结构。

2.6.1.1　单分支条件分支结构

单分支条件分支结构就是只有一个分支的 if 语句。因为只有一个分支,因此单分支条件分支结构根据条件是否成立,决定分支中的程序是否执行。if 语句的语法格式如下:

if(条件表达式)

｛语句块｝

2.6.1.2　双分支条件分支结构

根据条件表达式结果的成立与否分别进行不同处理的分支结构称为双分支条件分支结构,其语法格式如下:

if(条件表达式)

｛语句块 1｝

else

｛语句块 2｝

当条件表达式成立时,执行｛语句块 1｝而忽略｛语句块 2｝;当条件不成立时,执行｛语句块 2｝而忽略｛语句块 1｝。

2.6.1.3　多分支条件分支结构

若条件表达式存在两种以上可能的结果,且都需要进行不同处理时,需要使用 elseif 语句,编写多分支条件分支结构的程序。

多分支条件分支结构的语法格式如下:

```
if(条件表达式 1)
  {语句块 1}
elseif(条件表达式 2)
  {语句块 2}
……
{else
  {语句块 n}}
```

多分支条件分支结构的程序在运行时会逐个判断条件表达式,当遇到成立的第一个条件表达式时立即执行相应的语句块,忽略其他所有的分支。

2.6.1.4　switch 结构

switch 结构的语法格式如下:

```
switch(表达式)
{
case 值 1
  语句块 1
  break;
case 值 2
  语句块 2
  break;
……
default:
  语句块 n
}
```

switch 结构中只有一个表达式,程序根据表达式的值决定执行哪一个 case 模块中的程序。所有 case 值都不符合时,执行 default 下面的语句块 n。

switch 结构的语法格式还可以改变成如下形式:

```
switch( $ var)
{
case 表达式 1
  语句块 1
  break;
case 表达式 2
  语句块 2
  break;
……
default:
  语句块 n
}
```

switch 结构还允许在 case 后面跟条件表达式,如果 switch( )语句的括号中的变量符合 case 后面的条件表达式的结果,则执行该 case 模块中的程序。

需要注意的是,switch 结构中的每个 case 分支模块中必须要有 break 语句,否则 PHP 会在执行完符合条件的 case 分支后,继续执行其后面所有的分支。

2.6.2　循环结构

循环结构是在某个条件满足的前提下,反复执行某一段程序的结构。它是程序设计中非常重要的一种控制结构。在循环结构中,前提条件称为循环条件,反复执行的程序称为循环体。

PHP 中,循环结构有四种,分别为 while 循环、do…while 循环、for 循环和 foreach 循环。

2.6.2.1　while 循环

while 循环的语法格式如下:

while(条件表达式)
{循环体}

在 while 循环中,要先判断条件表达式是否成立。如果条件不成立(false),直接跳过{循环体},执行其后面语句;如果条件成立(true),执行循环体中的语句,然后再回到条件判断,如果条件继续成立,则继续循环。如此反复,直至条件表达式不成立。

需要注意的是,无论在何种循环结构中,都必须保证循环条件表达式在某个时候不成立,否则程序将因为条件一直成立而在循环结构中不停地运行,这种情况称为死循环,是程序设计中必须避免的一种错误。

2.6.2.2　do…while 循环

do…while 循环的语法格式如下:

do
{循环体}
while(循环条件表达式);

do…while 循环结构中,首先执行一次循环体中的程序,再判断循环条件表达式是否成立。若循环条件不成立,退出循环,继续后面的程序;若循环条件成立,再进入循环体,直至循环条件不成立。

2.6.2.3　for 循环

while 循环与 do…while 循环比较适合于事先无法判断次数的循环,对于事先就可以判断循环次数的循环,使用 for 循环更加合适。

for 循环的语法格式如下:

— 41 —

for(循环变量=初始值;循环条件表达式;循环变量步长)
〖循环体〗

for 循环在运行时遵循以下规则:①赋给循环变量一个初始值;②判断循环条件是否成立;③如果成立,进入循环体执行一次;④循环变量在原值的基础上自动变化一个"步长值";⑤再判断循环条件是否成立进行选择,直至循环变量的值不再满足循环条件,退出循环。

2.6.2.4　foreach 循环

foreach 循环也称为遍历循环,它只能用于遍历数组,即对数组中每个元素都遍历一遍,对其他类型的数据不支持。

foreach 循环的语法格式有两种。第一种格式如下:

foreach(数组名 as 镜像名)
〖循环体〗

第二种格式如下:

foreach(数组名 as 键名变量=>键值变量)
〖循环体〗

实例 2-5　使用 foreach 循环获取表单中复选框的值。

foreach 循环在实际开发中常用的一个应用是获取表单中复选框的值,其部分程序源代码如下所示:

```php
<? php
    if(! empty( $ _POST[' button ']))
    {
        $ xq= $ _POST[' xq '];   //获取 xq 框的值
        echo "你的兴趣爱好有:";
        foreach( $ xq as $ k)
            echo $ k . '  '; //输出数组中各个元素的值
    }
? >
```

程序运行结果如图 2-14 所示。

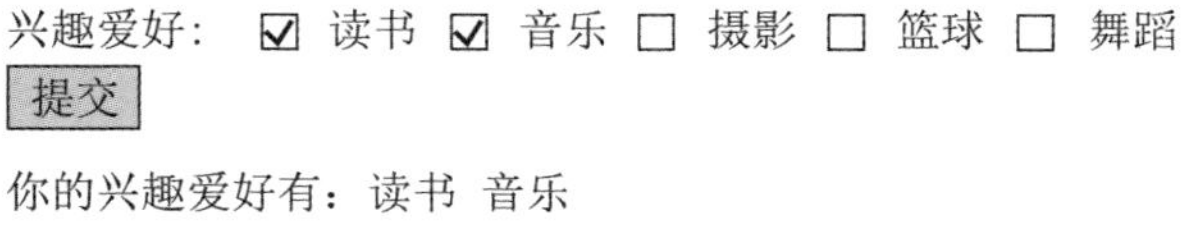

兴趣爱好:　☑ 读书　☑ 音乐　□ 摄影　□ 篮球　□ 舞蹈
提交

你的兴趣爱好有:读书 音乐

图 2-14　程序运行结果

需要注意的是,表单中的所有兴趣爱好复选框的名称都是 xq[],这样才能使所有的复选框形成一个控件数组。每个复选框都是这个数组的一个元素,复选框的属性值都是

（上接）元素的值。PHP 程序通过"$xq=$_POST['xq']"获取整个控件数组的值，$xq 数组中的元素由用户的选择情况决定。foreach 循环结构将 $xq 数组遍历一次，并将各个元素值输出。

2.7　函数

函数是将一段完成特定任务的程序封装而成的独立代码块。它通过参数获取外界程序的数据，并通过返回值将函数中的运行结果反馈给外界程序。

在程序设计过程中，经常要在不同地方重复进行某种相同的运算操作。如果每次都重新书写一次相同的程序代码，不仅会大大增加程序员的工作量，而且会给程序后期的维护带来很大的不便，且会降低程序的运行效率。将这些重复代码封装成函数以后，可以简化代码结构，实现代码的重用，减少代码编写工作量与程序的后期维护。

PHP 中的函数可分为三类，分别为系统函数、自定义函数以及变量函数。

2.7.1　常用系统函数

系统函数是 PHP 预先提供的函数，用户使用这些函数时不需要再对函数进行定义，也不需要关心实现其功能的内部程序，只需根据其参数需求直接引用。常用系统函数包括数据检查函数、日期时间函数、随机函数和文件包含函数等。

PHP 中的时间和日期使用的是 Unix 的时间戳机制，以格林威治时间 1970-1-1 00：00：00 为 0 秒，向后以秒为单位累加计时，如 1970-1-1 01：00：00 的时间戳是 3600。这与现实生活、工作中的时间使用习惯区别很大，因此 PHP 提供了一系列时间和日期的格式转换函数。

2.7.1.1　date( )函数

date( )函数是 PHP 中最常用的日期函数，它的主要功能是格式化服务器的本地日期。date( )函数的语法格式如下：

$$date(format[,timestamp])$$

其中，"format"是必填参数，用于指定用户需要的日期输出格式。format 须依据 PHP 已经规定的系统关键字进行设置。"timestamp"是可选参数，用于指定需要转换格式的时间戳。如果 timestanp 不填，程序默认其为系统当前的时间戳。

在没有指定的情况下，date( )函数输出的是服务器上的时间。

2.7.1.2　mktime( )函数

mktime( )函数的功能是将一个时间日期值换算为 Unix 时间戳。mktime( )函数的语法格式如下：

$$mktime([hour,minute,second,month,day,year])$$

mktime( )函数的参数列表按时、分、秒、月、日、年的顺序设置。对于参数中设置越界的数值,mktime( )函数能够自动运算较正。

2.7.1.3 strtotime( )函数

strtotime( )函数的功能是将日常阅读习惯中的时间日期换算为 Unix 时间戳,它的参数可以是类似于"年-月-日"格式的时间表达式,也可以是类似于"today""yesterday"的时间单词,同时还可以是类似于"last month"的时间短语。

strtotime( )函数并不能保证识别、转换其参数中所有的字符串内容,因此需要用户自行检查参数内容,以免出现意想不到的错误,如下例:

$$\$ dd = strtotime("two\ days\ later");$$

strtotime( )函数还支持运算符操作,程序可以在某个日期的基础上,进行前进或后退的计算。

2.7.1.4 checkdate( )函数

checkdate( )函数用于检查一个日期是否属于有效日期,但不检查时间,其语法格式如下:

$$checkdate(month, day, year);$$

checkdate( )函数中,month、day 与 year 三个参数都是整型。如果参数中的值属于有效日期,函数返回 true,否则返回 false。

2.7.2 自定义函数

2.7.2.1 函数的定义

自定义函数是程序员根据实际需要,编写的一段完成特定功能的、可重复调用的代码。

自定义一个函数的语法格式如下:

```
function    函数名([参数 1|参数 2|3……])
    {函数体}
```

例如:

```
<?php
    function my_fun($A,$B)
        {echo "两数之和是".($A+$B);}
?>
```

2.7.2.2 函数的调用

任何一个函数定义好以后,PHP 都不会自动执行其函数体中的程序,必须通过函数名调用该函数以后,PHP 才会执行其中的程序,实现其功能。

调用一个函数,只要通过其函数名即可。函数可以在调用点之前声明,也可以在调用点之后声明,这并不影响程序的运行结果。但从良好的编程习惯出发,应当是先声明后调用。

2.7.2.3　函数的参数传递

函数的参数是函数体与外部程序进行数据交流的接口。调用函数时,函数通过参数将数据传至函数内部。

函数参数的传递方式有两种,分别为按值传递、引用传递。

2.7.2.4　函数的返回值

函数的返回值是函数向外界程序反馈运行结果的窗口。如果需要函数有一个返回值,只需在函数体中用 retrun 语句带上返回值即可。

注:如果函数体中的 return 语句后面没有任何值,函数体将从 return 语句处中断执行,跳转到调用函数的下一句程序。

实例 2-6　计算阶乘。

递归是程序设计中非常独特的一种算法,PHP 也支持函数的递归调用。所谓递归调用,是指在函数体中调用该函数自身。

本实例的功能是计算某个数的阶乘。阶乘的数学表达式为 $n! = n \cdot (n-1) \cdot (n-2) \cdot \cdots \cdot 1$。

代码如下:

```php
<?php
    function f($A)
    {
        if($A==1)
            return $A;
        else
            return $A * f($A-1); //递归调用
    }
    echo f(5);
?>
```

递归调用由递进与回归两个过程完成。在递进阶段,每进一步,函数的参数值必须离递归的临界值更近一步。

上述程序中,定义的函数用于计算某数的阶乘。函数体的算法思路如下:参数的值为需求阶乘的数值,函数的返回值为 $A 阶乘的结果。当 $A 为 1 时,阶乘的结果是 1,函数直接返回该结果。当 $A 为 n,且 n>1 时,因为 n! = n * (n-1)!,而函数 f(n-1) 即可求(n-1)!,因此 f(n)=n * f(n-1)。

2.8 字符串处理

PHP 的字符串处理功能非常强大,它提供了 10 类用于字符串处理的内置函数。通过使用这些函数,程序员可以在程序中很方便地完成对字符串的各种操作。本节重点介绍输出函数、格式化输出函数和字符串操作函数。

2.8.1 输出函数

PHP 提供了多个用于输出字符串内容的函数,比较常用的有 echo( )函数和 print( )函数。输出函数的语法格式有两种,分别如下所示:

$$\text{print str;}$$
$$\text{print \$ str;}$$

使用 print( )函数需要注意以下两点:

(1)print( )函数不仅可以输出字符串,而且具有返回值。当输出成功时,返回 true;当输出失败时,返回 false。因此,print( )函数通常会与条件表达式结合在一起使用。

(2)print( )函数不能像 echo( )函数那样一次输出多个字符串。

2.8.2 格式化输出函数

在输出字符串时,利用字符串格式化函数,程序可以将字符串内容按用户设置的格式输出。能够实现字符串格式化的函数有许多,其用法大同小异,下面以 printf( )函数为例,说明函数的用法。

printf( )函数的语法格式如下:

printf("输出格式",字符串);

其中,"输出格式"是一个含有%的字符串。%引领的是格式描述,其内容可以包括填充字符、对齐方式符、字符串长度和输出类型说明符中的一项或多项。

另外,我们也可以通过格式描述的形式应用 printf( )函数,其语法格式如下:

printf("××× %format1 ××× %format2 ×××……",str1,str2……);

其中,format1、format1……表示输出格式符。

此外,还有附加的格式符,放置在 % 和格式字母之间。附加的格式符及其含义如下:

(1)＋、－:通过在数字前面添加"＋"或"－"来定义数字的正负性。默认地,只有负数做标记,正数不做标记。

(2)':规定使用什么作为填充,默认是空格。它必须与宽度指定器一起使用。

(3)[0－9]:规定变量值的最小宽度。

(4).[0－9]:规定小数位数或最大字符串长度。

printf( )函数中的参数是按序对应的。在第一个 % 符号处插入 str1,在第二个%符号处插入 str2,依此类推。如果 ％ 符号多于 str 参数,必须使用占位符。占位符被插入到 ％ 符号之后,由数字和"\\ $"组成。如果有多个代入参数且代入参数的数量与％的数量不一致,即在"％"后用"n\\ $"指定该处替换第 n 个代入参数。

2.8.3　常用字符串操作函数

2.8.3.1　字符串长度函数

用 strlen( )函数可以方便地得到字符串的长度,其语法格式如下:
$$strlen(字符串|字符串变量);$$
需要注意的是:PHP 利用该函数计算中文字符串的长度时,字符串的长度与程序文档所采用的编码字符集有关。

在 UTF-8 编码中,每个汉字的长度为 3 个字符;在 GB2312 编码中,每个汉字的长度为 2 个字符。两种编码中,空格都是 1 个字符。

2.8.3.2　字符串截取函数

substr( )函数用于截取字符串中的一部分,其语法格式如下:
$$substr(string| $ string,s\_index,length);$$
其中,string| $ string 表示要处理的字符串或字符串变量;s_index 表示开始截取的位置;length 表示截取的长度。

2.8.3.3　字符串剪裁函数

PHP 的字符串剪裁函数用于删除字符串中指定的字符。字符串剪裁函数共有三个,分别为 trim( )、ltrim( )和 rtrim( ),它们分别用于删除字符左右两边、左边和右边的指定字符。字符串剪裁函数的语法格式如下:
$$trim(string| $ string,[character]);$$
$$ltrim(string| $ string,[character]);$$
$$rtrim(string| $ string,[character]);$$

其中,[character]属于可选参数,表示要删除的字符,若不指定,默认删除"string"中的空格。

2.8.3.4　字符串替换函数

用字符串剪裁函数只能去掉字符串左右两边的指定字符,若需要去掉字符串中间的指定字符,剪裁函数就无能为力了,这时可以使用字符串替换函数。PHP 中的字符串替换函数有两个,分别为 str_replace( )和 substr_replace( )。

str_replace( )函数的用途是将字符串中的某些字符或字符串替换为其他的字符串,其语法格式如下:
$$str\_replace("replace\_str","by\_str","source\_str",[counter]);$$
其中,replace_str 是 source_str 中需要替换为 by_st 的内容;counter 是一个可选参

数,用变量表示,用于保存该次替换操作中一共有几个地方的内容被替换了。

str_replace( )函数返回的是被替换以后的字符串。str_replace( )函数对英文字母的大小写是敏感的。如果不需要区别英文字母的大小写,可以用 str_ireplace( )函数,它的用法与 str_replace( )一样,只是对英文字母的大小写不敏感。

2.8.3.5 字符串比较函数

字符串比较函数用于对比两个字符串之间的大小关系,这类函数有 strcmp( )与 strncmp( )两种。

strcmp( )函数用于完全对比两个字符串的大小关系,其语法格式如下:

$$strcmp(str\_1,str\_2);$$

若 str_1>str_2,则函数返回 1;若两个字符串相等,则函数返回 0;若 str_1<str_2,则函数返回-1。

函数在进行比较运算时需遵循以下法则:①按字符串中各个字符的 ASCII 码值的大小比较;②对两个字符串中的字符逐个比较,例如"abc">"aac";③区分英文字母的大小写,例如"A"<"a";④对于采用 GB2312 编码的中文字符,按每个字符的拼音进行比较。

strncmp( )函数可以指定截取字符串中的一部分进行大小比较,其语法格式如下:

$$strncmp(str\_1,str\_2,cmp\_length);$$

其中,str_1 和 str_2 表示参与比较的两个字符串;cmp_length 是一个整数,指定两个字符串参与比较的字符个数。

2.8.3.6 字符串加密函数

PHP 为用户提供了非常方便的字符串加密操作功能。字符串加密函数有两个,分别为crypt( )和 md5( ),它们都能实现对字符串的加密处理。

下面我们通过具体实例来学习字符串函数的使用方法。

实例 2-7 信息加密。

本实例的功能是将用户设置的密码进行 MD5 加密后输出,部分程序源代码如下所示:

```php
<? php
if(isset( $ _POST[' button']))
{
    $ MM= $ _POST[' pw'];    //获取原始密码
     $ md5_MM=md5( $ MM);          //加密后的密码
     echo "原始密码是:". $ MM. "< br >";
     echo "加密密码是:". $ md5_MM;
}
?>
```

在本实例中,对用户输入的密码进行加密的程序为:

$row＝$_POST['pw']；　//获取原始密码

$decri＝md5($row)；　　//加密后的密码

程序运行结果如图 2-15 所示。

图 2-15　程序运行结果

习　题

1. PHP 可以用来做什么？
2. MySQL 可以用来做什么？

实　践

1. 请在计算机上搭建一个本地 PHP ＋ MySQL 环境。
2. 请创建一个 PHP 项目，在页面中输出"Hello World"。
3. 请创建一个 PHP 项目，并连接数据库。

第3章 微信公众平台介绍

3.1 微信公众平台简介

3.1.1 微信公众平台发展背景

社会化媒体是一种给予用户极大参与空间的在线媒体。与传统媒体相比,社会化媒体具有参与性、共享性、交流性、社区性以及连通性等基本特征。目前,社会化媒体已超越搜索引擎,成为互联网第一大流量来源。基于社会化媒体的信息类项目正在"互联网+"的沃土上蓬勃发展,以微信为代表的社会化媒体也在飞速发展。

凭借微信的用户群优势和丰富的 API(应用程序接口),微信公众平台受到众多开发者的青睐。凭借巨大的资源优势,微信公众平台的公众号数量稳健增长,公众号已成为用户在微信平台上使用的主要功能之一。微信公众号已形成成熟的流量变现模式。经过数年的发展,庞大的创作群体加速了微信公众平台的发展,而粉丝数量的激增促使公众号从单纯内容输出向商业化、专业化转变。企业通过企业号、服务号发布官方信息并直接与用户沟通;订阅号通过打赏、推广广告等方式进行流量变现。微信公众号已形成广告推广、电商、内容付费、付费打赏等清晰的商业模式,并围绕公众号产业链集聚了大量第三方运营企业。

通过鼓励高质量原创内容与小程序相互引流,公众号进入新一轮发展阶段。2017年,微信团队加入公众号付费阅读功能,通过提高原创作者的广告分成,并开通原创声明功能保护原创者版权,以提高公众号推文质量。小程序的上线使得公众号运营方通过增加小程序可关联的功能来促进两者相互引流,增强公众号变现渠道。同时,公众号迁移功能的开放既解决了实际运营者与账号所有者不一的问题,又为运营者开辟了新的涨粉通道。公众号的发展趋势是脱离独立运营模式,加强与小程序、微信支付的结合,融入微信生态圈中。

3.1.2 微信公众平台与微信开放平台简介

微信提供了公众平台和开放平台两个平台,分别供公众账号运营者和移动应用开发者使用。微信公众平台主要用于微信开放平台的公众账号开发,为运营者提供类似于轻应用的服务。微信开放平台主要针对移动应用开发,开发者接入微信开放平台后,可以使移动应用支持微信分享、微信收藏和微信支付。对开发者而言,微信公众平台开发是指为微信公众号进行业务开发。如果为移动应用、PC 端网站、公众号第三方平台(为各行各业公众号运营者提供服务)进行开发,这就需要通过微信开放平台。

3.1.2.1　微信公众平台

微信公众平台是在微信应用程序(App)内推出的,为个人、企业和组织提供业务服务与用户管理能力的服务平台。每个公众号就相当于一个轻量级的 App。无论是企业、组织,还是媒体、个人,微信公众平台都可以以轻应用的形式提供服务。微信公众平台的编辑模式使不会编程的用户也能轻松使用,而开发模式和众多的开放接口则为开发者提供了广阔的想象空间和难得的机遇。简单来说,利用微信公众平台进行自媒体活动就是进行一对多的媒体性行为活动,如商家通过申请公众微信服务号去进行二次开发,展示商家微官网、微会员、微推送、微支付、微活动、微名片等,形成一种普遍的线上线下微信互动营销方式。微信公众平台的优点包括:①小众传播,传播的有效性更高。②可随时随地提供信息和服务,信息和服务能够到达的时间更长。③营销和服务定位的时间更精准。④富媒体内容,便于分享。⑤一对多传播,信息有较高的达到率。⑥可提供特殊的地理位置服务。⑦便利的互动性,信息推送迅速,实时更新。⑧营销成本更低,可持续性更强等。从开发技术来讲,微信公众平台具有跨平台、轻量级、支持多种开发语言、开发接口丰富等特点。

3.1.2.2　微信开放平台

微信开放平台又称为第三方平台,可为第三方移动程序提供接口,开放给所有通过资质认证的开发者使用。在得到公众号或小程序运营者授权后,第三方平台开发者可以通过调用微信开放平台的接口,为公众号或小程序的运营者提供账号申请、小程序创建、技术开发、行业方案、活动营销、插件能力等全方位服务。微信开放平台为第三方移动程序提供接口,使用户可将第三方程序的内容发布给好友或分享至朋友圈,第三方内容借助微信平台获得更广泛的传播,从而形成了一种主流的线上线下微信互动营销方式。

3.1.3　微信公众平台用户类型

3.1.3.1　服务号

服务号可以给企业和组织提供更强大的业务服务与用户管理能力,帮助企业快速建立全新的公众号服务平台。服务号主要偏向服务类交互,其适用群体包括媒体、企业、政府或其他组织。

服务号的特点如下:①每个月可以发四条推送,直接推送到客户并有消息提醒。②服务号通过认证之后,支持九大接口功能。③服务号与企业号通过认证后,支持微信支付功能。④支持订阅号升级为服务号,但不支持服务号转换回订阅号。微信 4.5 版本之前申请的订阅号允许升级为服务号,但只有一次升级机会,并且不支持服务号转换回订阅号。

3.1.3.2 订阅号

订阅号为媒体和个人提供了一种新的信息传播方式,使媒体与读者之间构建起了更好的沟通与管理方式,其主要功能是在微信端给用户传达资讯。订阅号类似于报纸、杂志,可为人们提供新闻信息或娱乐趣事。普通用户可以像订阅报纸一样,每日获得所关注的订阅公众号推送的消息,其适用群体包括个人、媒体、企业、政府或其他组织。

订阅号的特点如下:①每天都可以群发一条信息,群发的信息直接出现在订阅号文件夹中。②订阅号群发信息时,手机微信用户将不会收到像短信那样的消息提醒。③在手机微信用户的通讯录中,订阅号将被放入订阅号文件夹中,同时订阅号发布的消息也会折叠在订阅号文件夹中。④订阅号要获得自定义菜单,需要付费并申请腾讯的微信认证。

服务号与订阅号有以下几个不同点:

(1)适用群体不同。订阅号适用于媒体和个人,服务号适用于企业和组织。

(2)定位不同。订阅号为用户提供信息和资讯,服务号主要为用户提供服务。

(3)群发信息量不同。订阅号每天(24 小时内)可以发送一条群发消息到最新公众平台,服务号一个月(30 天)内仅可以发送四条群发消息。

(4)用户收到信息的提醒方式不同。群发信息时,订阅号的用户不会收到即时的消息提醒,服务号的用户将收到即时的消息提醒。

(5)用户存放位置不同。订阅号将被放入订阅号文件夹中,服务号会在订阅用户(粉丝)的通讯录中。

如果想用微信公众平台简单发送消息,做宣传推广服务,建议选择订阅号;如果想用微信公众平台进行商品销售,建议选择服务号,后续可通过认证申请微信支付商户;如果想用公众号获得更多的功能(如开通微信支付),建议选择服务号。

3.1.3.3 企业微信(原企业号)

企业微信可为企业或组织提供移动应用入口,帮助企业、政府机关、学校、医院等事业单位和非政府组织建立与员工、上下游合作伙伴及内部 IT 系统间的联系,有效简化管理流程,提高信息的沟通和协同效率,提升企业对一线员工的服务和管理能力。

企业微信提供了通讯录管理、客户联系、身份验证、应用管理、消息推送、办公自动化(OA)、效率工具、企业支付、企业互联、电子发票等 API,企业可以使用这些 API 为企业接入更多个性化的办公应用。通过第三方应用接口,企业微信管理员可以通过简单的操作来使用第三方服务商的云应用,实现该目标的核心机制是服务商预先在第三方管理端注册登记应用信息。企业选择使用第三方应用时,通过授权流程来一键安装应用。合作伙伴可以将硬件设备接入企业微信,通过企业微信提供的"设备—云—应用"一体化接入方案、硬件 SDK(软件开发工具包)、开放的设备数据接口等特色优质资源,进行硬件设备的连接与管理,同企业微信一起为企业提供软硬一体化的智慧办公体验。

3.1.3.4 小程序

小程序提供了一个简单、高效的应用开发框架和丰富的组件及 API,帮助开发者在微信中开发具有原生 App 体验的服务。微信小程序是一种不需要下载安装即可使用的应用程序,其主要优势是用户可便捷地获取服务,无须安装或下载,用户扫一扫即可打开。这也体现了"用完即走"的理念,用户不用担心安装太多应用内存不够的问题。小程序的优点如下:①应用将无处不在,随时可用,但又无须安装和卸载;②具有更丰富的功能和出色的使用体验;③拥有封装一系列接口的能力,可以快速开发和迭代。对于开发者而言,小程序开发门槛相对较低,难度不及 App,能够满足简单的基础应用,适合生活服务类线下商铺以及非刚需低频应用的转换。对于用户来说,小程序能够节约使用时间成本和手机内存空间;对于开发者来说,小程序能节约开发和推广成本。

(1)从产品角度来看,小程序具备以下四个特点:

①无须安装和卸载。小程序最突出的特点就是无须安装和卸载,用户可以直接使用。用户可以在"附近的小程序"中搜索,也可以直接在搜索栏搜索相应的小程序,使用完直接关闭,不会占用桌面空间。小程序的出现让用户获取信息更加简单。其实,用户可以通过智能手机直接获得周边信息,通过手机扫描功能和周边产生互动。当用户使用完之后,并不需要卸载小程序,直接退出即可,可做到用完即走。

②制作成本低。小程序开发公司制作微信小程序时,要根据小程序的规模、性能需求、功能的复杂性、资源的多少选择适合的小程序制作技术,如空间域名的选择、小程序制作的选择等。对于店铺来说,开发制作一款小程序费用低,拥有一款自己专属的小程序后,店铺可省去入驻第三方程序的费用,从而降低成本。

③内存小,运行快,操作便利快捷。微信小程序是不需要下载安装的小应用,程序小,加载速度快,只要点击打开使用即可,而传统的 App 则需要先下载再安装和注册才可以使用。用户使用小程序时,只需要在微信中搜索对应的小程序即可。不论是查找还是使用小程序,其操作都非常便利快捷。

④容易部署,具有丰富的延展性。小程序可以轻松使用跨平台技术,将最新的前端技术与微信业务进行完美结合,在微信环境中可以轻松开发出媲美原生体验的应用。开发者可以轻松地部署接入方式,提供不输原生 App 的用户体验。通过小程序,企业和创业者无须开发 App,只需要专心构建功能和服务即可。

(2)小程序和 App 的区别:

微信小程序的功能是有限的,它只能实现 App 的部分功能,可以认为是轻巧便利型的 App。小程序主要适合低频、刚需、轻量级、功能单一、不需要调用太多手机系统级功能的应用。小程序拥有相对优秀的交互体验,但小程序并不是 App 的革命者,更像是一个助手。通过在微信内的延伸,小程序可以帮助企业打通 App 和微信,"以高频带低频,以服务带交易"。微信小程序和 App 各有各的优势。小程序开发的时间和资金投入较少,能够满足一些初创团队。App 能够满足一些复杂度高的产品,适合比较成熟的公司。

①功能实现不同。App 可以实现完整功能,灵活性强,可以实现在线支付、直播、IM(即时通信)等各种功能。小程序仅限微信提供的接口功能。小程序基于 HTML5 进行开发,对接开发者现有的 App 后台用户数据,其开发难度比 App 低。虽然小程序也能够实现很多功能,比如消息通知、线下扫码、公众号关联、查找附近应用等,但对于一些需要大量计算的功能类应用,如图片处理或文档编辑,小程序是无法满足的。App 的视觉效果设计可以更加人性化和绚丽,能够在交互、视觉等用户体验上满足用户的高要求。

②上线发布不同。小程序需要提交到微信公众平台进行审核。但是微信对小程序

进行了诸多限制,特别是流量获取方面,很多营销策略在小程序都被禁止,比如三级分销。App 需要向市面上各大应用市场提交审核,而 App 内部的功能、内容由运营者全权把控。

③开发成本与周期不同。小程序开发周期相对较短,成本较低。App 开发成本相对较高,运营成本也较高。

④使用方式不同。小程序通过二维码、微信搜索等方式直接获得,微信是一个集中展示小程序的商店,用户可通过扫描二维码或者搜索小程序的名称,以及微信群或好友分享来使用小程序。小程序与微信一同占用手机空间,占用空间较小。App 可在应用商店、Android 市场等应用市场进行下载,或者直接使用浏览器下载,其占据空间较大,但是可从桌面快捷进入。

⑤受众不同。小程序面向微信所有用户,而 App 面向所有智能手机用户。App 面向更广的用户群,所有人都可以使用。

3.2 微信公众平台开发

3.2.1 微信公众平台开发所需的技术

微信公众平台开发主要涉及服务器语言和前端技术,并遵循和使用官方提供的微信平台开发文档。

3.2.1.1 服务器语言

目前,用来做微信平台开发的语言主要有 PHP、ASP. NET 和 JSP,开发者可以选择其中一种进行微信公众平台开发。PHP、ASP. NET 和 JSP 都提供了在 HTML 代码中混合某种程序代码、由语言引擎解释并执行程序代码的能力。但 JSP 代码被编译成 Servlet 并由 Java 虚拟机解释执行,这种编译操作仅在对 JSP 页面的第一次请求时发生。在 PHP、ASP. NET 和 JSP 环境下,HTML 代码主要负责描述信息的显示样式,而程序代码则用来描述处理逻辑。普通的 HTML 页面只依赖于 Web 服务器,而 PHP、ASP. NET 和 JSP 页面需要附加语言引擎分析和执行程序代码。程序代码的执行结果被重新嵌入 HTML 代码中,然后一起发送给浏览器。PHP、ASP. NET 和 JSP 都是面向 Web 服务器的技术,客户端浏览器不需要任何附加的软件支持。

PHP 是一种跨平台的服务器端的嵌入式脚本语言,可嵌入 HTML 中,尤其适用于 Web 开发。PHP 的语法学习了 C 语言并吸纳了 Java 和 Perl 等多种语言的特色,并融合自己的特性,使 Web 开发者能够快速地写出动态页面。PHP 支持目前绝大多数数据库,支持跨平台。每个平台都有对应的 PHP 解释器版本,针对不同平台均能编译出目标平台的二进制码(PHP 解释器)。PHP 开发的程序可以不经修改,直接运行在 Windows、Linux、Unix 等多个操作系统上。PHP 的内核是 C 语言编写的,执行效率高。PHP 数组支持动态扩容,支持数字、字符串或者混合键名的关联数组,能大幅提高开发效率。PHP

是一门弱类型语言,程序编译通过率高,相对其他强类型语言开发效率高。PHP 具有天然热部署,在 PHP-FPM(FastCGI 进程管理器)运行模式下代码文件被覆盖即可完成热部署。Linux＋Nginx＋MySQL＋PHP 是它的经典安装部署方式,PHP＋MySQL＋Apache Web 服务器也是一个比较好的组合。

ASP. NET 又称为 ASP＋,它不仅仅是 ASP 的简单升级,而是微软公司推出的新一代脚本语言。ASP. NET 基于 . NET Framework 的 Web 开发平台,不但吸收了 ASP 以前版本的优点,还参照 Java、VB 语言的开发优势加入了许多新的特色,同时也修正了以前的 ASP 版本的运行错误。ASP. NET 在代码撰写方面的特色是将页面逻辑和业务逻辑分开,分离程序代码与显示的内容,让丰富多彩的网页更容易撰写,同时使程序代码看起来更简洁。在 ASP. NET 中,页面代码是被编译执行的,它利用提前绑定、即时编译、本地优化和缓存服务来提高性能。当第一次请求一个页面时,CLR(公共语言运行库)对页面程序代码和页面自身进行编译,并在高速缓存 cache 中保存编译结果的副本。当第二次请求该页面时,就直接使用 cache 中的结果(无须再次编译),这将大大提高页面的处理性能。ASP. NET 提供了许多功能强大的服务器控件,大大简化了 Web 页面的创建任务。这些服务器控件提供了显示、日历、表格和用户输入验证等通用功能,它们自动维护其选择状态,并允许服务器端代码访问和调用其属性、方法和事件。因此,服务器控件提供了一个清晰的编程模型,使得 Web 应用的开发变得简单。

JSP 是一种动态网页技术标准,部署于网络服务器上,可以响应客户端发送的请求,并根据请求内容动态地生成 HTML、XML(可扩展标记语言)或其他格式文档的 Web 网页,然后返回给请求者。JSP 技术以 Java 语言作为脚本语言,为用户的 HTTP 请求提供服务,并能与服务器上的其他 Java 程序共同处理复杂的业务需求。JSP 将 Java 代码和特定变动内容嵌入静态的页面中,实现以静态页面为模板,动态生成其中的部分内容。JSP 引入了被称为"JSP 动作"的 XML 标签,用来调用内建功能。另外,JSP 可以创建 JSP 标签库,然后像使用标准 HTML 或 XML 标签一样使用它们。标签库能增强功能和服务器性能,而且不受跨平台问题的限制。JSP 编译器可以把 JSP 文件编译成用 Java 代码编写的 Servlet,然后再由 Java 编译器编译成能快速执行的二进制机器码,也可以直接编译成二进制码。JSP 能以模板化的方式简单、高效地添加动态网页内容,可利用 JavaBean 和标签库技术复用常用的功能代码。标签库不仅带有通用的内置标签(JSTL),而且支持可扩展功能的自定义标签。JSP 继承了 Java 语言的相对易用性和跨平台优势,实现了"一次编写,处处运行"。因为支持 Java 及其相关技术的开发平台多,网站开发人员可以选择在最适合自己的系统平台上进行 JSP 开发。不同环境下开发的 JSP 项目在所有客户端上都能顺利访问。页面中的动(控制变动内容的部分)/静(内容不需变动的部分)区域以分散但又有序的形式组合在一起,能使人更直观地看出页面代码的整体结构,也使得设计页面效果和程序逻辑这两部分工作更容易分离(外观视图与逻辑分离),从而方便分配人员发挥各自长处,实现高效的分工合作。JSP 可与其他企业级 Java 技术相互配合,可以只专门负责页面中的数据呈现,实现分层开发。

3.2.1.2　前端技术

前端开发者需要掌握 HTML、CSS、JavaScript 等基础知识,如果想要在前端实现较为炫酷的动画效果,开发者还得掌握 HTML5。HTML 从语义的角度描述页面结构,CSS 从审美的角度负责页面样式,JavaScript 从交互的角度描述页面行为。将 HTML、CSS、JavaScript 等技术相结合进行网页制作已经成为流行的前端开发技术。在网页制作中,HTML 用于设计页面的整体结构以及页面元素的表现形式,在互联网发展的初期,只需使用 HTML 就可完成客户端界面。随着网页技术的发展,CSS、JavaScript 的出现打破了网页设计的呆板性,使网页元素表现得更加丰富,而且网页由静态向动态方向发展。

对于一个网页,HTML 定义网页的结构,CSS 描述网页的样子。举个例子,HTML 就像一个人的骨骼和器官,而 CSS 就是人的皮肤,有了这两样也就构成了一个植物人了,加上 JavaScript 后这个植物人就可以对外界刺激做出反应,可以思考、运动,还可以给自己化妆(通过改变 CSS)等,成为一个活生生的人。如果说 HTML 是肉身,那么 CSS 就是皮相,JavaScript 就是灵魂。没有 JavaScript,HTML+CSS 是植物人;没有 JavaScript,CSS 是个毁容的植物人。如果说 HTML 是建筑师,CSS 就是装修工人,JavaScript 就是魔术师。

HTML5 将 Web 带入一个成熟的应用平台,在这个平台上,视频、音频、图像、动画以及与设备的交互都进行了规范。表单是实现用户与页面后台交互的主要组成部分。HTML5 在表单的设计上功能更加强大,原本需要 JavaScript 来实现的控件,可以直接使用 HTML5 的表单来实现。HTML5 的 Canvas(画布)元素可以实现画布功能,该元素通过自带的 API,结合 JavaScript 脚本语言在网页上绘制图形。HTML5 的 Canvas 元素使得浏览器无须 Flash 或 Silverlight 等插件就能直接显示图形或动画图像。HTML5 的最大特色之一就是支持音频、视频,通过< audio >和< video >两个标签来实现对多媒体中的音频、视频使用的支持,只要在 Web 网页中嵌入这两个标签,而无须第三方插件(如 Flash)就可以实现音频、视频的播放功能。HTML5 对音频、视频文件的支持使得浏览器摆脱了对插件的依赖,加快了页面的加载速度,扩展了互联网多媒体技术的发展空间。HTML5 利用 Web Worker 将 Web 应用程序从原来的单线程中解放出来,通过创建一个 Web Worker 对象就可以实现多线程操作。

3.2.1.3　微信平台开发文档

微信公众平台是微信最重要的组成部分,以"再小的个体,也有自己的品牌"为宣传口号,吸引着越来越多的人参与开发。运营者在微信公众平台的各个公众号上为用户提供相关的资讯与服务,而公众平台开发接口则是提供服务的基础,开发者在公众平台网站中创建公众号、获取接口权限后,可以通过阅读接口文档来帮助开发。官方的微信平台开发文档相当于开发指南,可以更好地帮助开发者进行功能开发。如果要做微信平台开发,那么熟悉微信平台开发文档、学会调用各种功能接口就是必需的。进行公众号开发时,开发者除了需要满足每个接口的规范限制、调用频率限制外,还需遵循文档说明,注意模版消息、用户数据等敏感信息的使用规范。

微信平台开发文档提供了以下功能的详细接口说明:

(1)可以接收用户发送过来的消息,通过自己开发的系统把对应内容反馈回去。

(2)可以接收用户发送过来的地理位置,通过地理位置反馈附近餐厅信息或交通信息(例如高德地图)。

（3）通过事件推送，可以识别用户对公众账号订阅和取消订阅操作的情况。

（4）开发模式的接口除了可以反馈图文消息，还可以反馈音频内容给用户。

（5）可以通过通用接口上传图片、语音、视频等内容到公众平台上，并且可以调用这些素材。

（6）可以管理自定义菜单功能。

3.2.2　微信公众平台开发简述

3.2.2.1　微信公众平台开发概述

为了识别身份，用户针对不同的公众号产生不同的 OpenID（用于身份识别）。如果需要在多个公众号和移动应用之间进行互通，则需前往微信开放平台，将这些公众号和应用绑定到一个开放平台账号下。绑定后，虽然一个用户对多个公众号和应用有多个不同的 OpenID，但是他在同一开放平台账号下的公众号和应用只有一个 UnionID（用户统一标识）。

微信公众平台开发是指为微信公众号进行业务开发，但不针对移动应用、PC 端网站、公众号第三方平台进行开发。在申请到认证公众号之前，开发者可以先通过测试号申请系统，快速申请一个接口测试号，并进行接口测试开发。在开发过程中，开发者可以使用接口调试工具来在线调试某些接口。每个接口都有每日接口调用频次限制，可以在公众平台官网的开发者中心查看具体频次。公众平台以 Access_Token（访问令牌）为接口调用凭据来调用接口。所有接口的调用者均需要先获取 Access_Token。Access_Token 在两小时内有效，过期需要重新获取，但一天内获取次数有限，开发者需自行存储。公众平台接口调用仅支持 80 个端口。

公众号主要通过公众号消息会话和公众号内网页来为用户提供服务。公众号是以微信用户的一个联系人形式存在的，消息会话是公众号与用户交互的基础。许多复杂的业务场景都需要通过网页形式来提供服务。网页授权获取用户基本信息时，通过消息会话接口，获取用户的基本信息。获取用户的 OpenID 是无须用户同意的，获取用户的基本信息则需用户同意。微信 JS-SDK 是开发者在网页上通过 JavaScript 代码使用微信原生功能的工具包，开发者可以使用它在网页上录制和播放微信语音、监听微信分享、上传手机本地图片、拍照等。

3.2.2.2　开发者规范

涉及用户数据时，对于需要收集用户数据的服务，公众号必须事先获得用户的明确同意，且仅能收集运营及功能实现所必需的用户数据，同时应当告知用户相关数据收集的目的、范围及使用方式等，保障用户知情权。在特定微信公众号中收集的用户数据仅可以在该特定微信公众号中使用，不得将其使用在该特定微信公众号之外，也不得以任何方式将其提供给他人。如果腾讯认为公众号收集、使用用户数据的方式可能损害用户体验，腾讯有权要求公众号删除相关数据并不得再以该方式收集、使用用户数据。一旦公众号停止使用本服务，或腾讯基于任何原因终止公众号使用本服务，公众号必须立即删除全部因使用本服务而获得的数据（包括各种备份），且不得再以任何方式进行使用。

3.2.2.3　开发者接入微信公众平台

为接入微信公众平台,开发者需要按照如下步骤完成:第一,填写服务器配置;第二,验证服务器地址的有效性;第三,依据接口文档实现业务逻辑。

(1)填写服务器配置:登录微信公众平台官网后,在公众平台官网开发界面的基本设置页面中,勾选协议成为开发者,填写 URL 和 Token(令牌)。其中,URL 是开发者用来接收微信消息和事件的接口。Token 可由开发者任意填写,用作生成签名(该 Token 会和接口中包含的 Token 进行比对,从而验证安全性)。同时,开发者可选择的消息加解密方式有明文模式、兼容模式和安全模式。模式的选择与服务器配置在提交后都会立即生效,开发者应谨慎填写及选择。加解密方式的默认状态为明文模式,选择兼容模式和安全模式需要提前配置好相关加解密代码。

(2)验证消息的确来自微信服务器:开发者提交信息后,微信服务器将发送 GET 请求到填写的 URL 上。开发者通过检验签名来对请求进行校验,即验证服务器地址的有效性。

(3)依据接口文档实现业务逻辑:验证 URL 有效性后即可,成为开发者。开发者可以在公众平台网站中申请微信认证,认证成功后,将获得更多接口权限,满足更多业务需求。成为开发者后,出现向公众号发送消息、产生自定义菜单或产生微信支付订单等情况时,开发者填写的 URL 将得到微信服务器推送过来的消息和事件,开发者可以依据自身业务逻辑进行响应,如回复消息。公众号调用各接口时,一般会获得正确的结果,具体结果可参考对应接口的说明。返回错误时,开发者可根据返回码来查询错误原因。用户向公众号发送消息时,公众号方收到的消息发送者是一个 OpenID,是使用用户微信号加密后的结果,每个用户对每个公众号有唯一的 OpenID。

3.2.2.4　平台开发者获取 Access_Token

Access_Token 是公众号的全局唯一接口调用凭据,公众号调用各接口时都需使用 Access_Token,因此需要对其妥善保存。Access_Token 的存储至少要 512 个字符空间。Access_Token 的有效期为两个小时,需定时刷新,重复获取将导致上次获取的 Access_Token 失效。为了保密 AppSecret(应用密钥),第三方需要一个 Access_Token 来获取和刷新中控服务器。其他业务逻辑服务器所使用的 Access_Token 均来自该中控服务器,不应该各自去刷新,否则会造成 Access_Token 覆盖而影响业务。Access_Token 的有效期通过返回的 expire_in 来传达,目前是 7200 秒之内的值。中控服务器需要根据这个有效时间提前去刷新 Access_Token。在刷新过程中,中控服务器对外输出的依然是老 Access_Token,此时公众平台后台会保证在刷新短时间内,新、老 Access_Token 都可用,这保证了第三方业务的平滑过渡;公众号可以使用 AppID 和 AppSecret 调用本接口来获取 Access_Token。

3.2.2.5　微信 JS-SDK

微信 JS-SDK 是微信公众平台面向网页开发者提供的基于微信的网页开发工具包。通过使用微信 JS-SDK,网页开发者可借助微信高效地使用拍照、选图、语音、位置等手机系统的功能,同时可以直接使用微信分享、扫一扫、卡券、支付等微信特有的功能,为微信用户提供更优质的网页体验。

所有接口通过微信对象来调用,参数是一个对象,除了每个接口本身需要传输的参数之外,还有 Success、Fail、Complete、Cancel、Trigger 等五个通用参数。

JS-SDK 使用时共有五个步骤,分别如下:

(1)绑定域名。先登录微信公众平台,进入"公众号设置"的"功能设置",填写"JS 接口安全域名"。如果用户使用了支付类接口,必须确保支付目录在该安全域名下,否则将无法完成支付。

(2)引入 .js 文件。

(3)通过 config 接口注入权限验证配置。所有需要使用 JS-SDK 的页面必须先注入配置信息,否则将无法调用。同一个 URL 仅需调用一次,对于变化 URL 的网站应用,可在每次 URL 变化时进行调用。

(4)通过 ready 接口处理成功验证。

(5)通过 error 接口处理失败验证。

3.2.2.6　处理消息

当普通微信用户向公众账号发送消息时,微信服务器将消息的 XML 数据包发送给开发者填写的 URL。消息类型包括文本消息、图片消息、语音消息、视频消息、小视频消息、地理位置消息和链接消息。在微信用户和公众号产生交互的过程中,用户的某些操作会使得微信服务器通过事件推送的形式通知给 URL,从而使开发者可以获取到该信息。

当用户发送消息给公众号时,会产生一个 POST 请求,开发者可以在响应包中返回特定 XML 结构,来对该消息进行响应。严格来说,发送被动响应消息其实并不是发送一个接口,而是对微信服务器发过来的消息的一次回复。

为了保证更高的安全保障,开发者可以在公众平台官网的开发者中心处设置消息加密。开启加密功能后,用户发来的消息会被加密,公众号被动回复用户的消息也需要加密。公众号消息加解密是公众平台为了进一步加强公众号安全保障,提供的新机制。开发者需注意,有了这种新机制之后,公众账号主动调用 API 的情况将不受影响。只有被动回复用户的消息时,微信服务器才需要进行消息加解密。启用加解密功能(即选择兼容模式或安全模式)后,公众平台服务器在向公众账号服务器配置地址(可在"开发者中心"修改)推送消息时,URL 将新增加两个参数(加密类型和消息体签名),并以此来体现新功能。加密算法采用高级加密标准(ASE)。公众平台提供了三种加解密的模式供开发者选择,分别为明文模式、兼容模式、安全模式。

3.3　微信公众号快速入门

3.3.1　微信公众号的注册

(1)登录微信公众平台(https://mp.weixin.qq.com)进行注册。微信公众号注册界面如图 3-1 所示。

图 3-1 微信公众号注册界面

单击"立即注册"按钮进行注册。

(2)用户注册成功后进入图 3-2 所示界面。

图 3-2 微信公众平台主界面

3.3.2　微信公众号的基本操作

3.3.2.1　自动回复

公众号是以微信用户联系人的形式存在的,消息会话是公众号与用户交互的基础。目前,公众号内主要有四类消息服务的类型,分别用于不同的场景。

(1)群发消息:公众号可以以一定频次(订阅号为每天一次,服务号为每月四次),向用户群发消息,这些消息包括文字消息、图文消息、图片、视频、语音等。

(2)被动回复消息:在用户给公众号发消息后,微信服务器会将消息发到开发者预先在开发者中心设置的服务器地址(开发者需要进行消息真实性验证),公众号可以在 5 s 内做出回复,既可以回复一个消息,也可以回复命令告诉微信服务器这条消息暂不回复。被动回复消息可在公众平台官网的开发者中心设置加密,设置后,微信服务器将按照消息加解密文档进行处理。

(3)客服消息:在用户给公众号发消息后的 48 h 内,公众号可以给用户发送不限数量的消息,这些消息主要用于客服场景。用户的行为会触发事件推送,某些事件推送是支持公众号据此发送客服消息的。

(4)模板消息:在需要对用户发送服务通知(如刷卡提醒、服务预约成功通知等)时,公众号可以用特定内容模板,主动向用户发送消息。

实例 3-1　在导航栏中找到"自动回复"选项,并选择"自动回复"选项。

关键词回复是指用户收到的消息里包含关键字才会回复,收到消息回复是指用户收到消息后才会回复,被关注回复是指只有关注了此公众号的人才会回复。在设置自动回复时,只需要设置关键词回复,后面的两项默认是打开的。首先,选择"添加回复"选项,输入自己的规则名称。然后,选择关键词匹配方式,并输入关键词。最后,添加回复内容,单击"确定"按钮,选择回复方式,并单击"保存"按钮。例如,设置关键字"你好",回复的内容是"你好,欢迎关注我们～～"。关键词回复设置界面如图 3-3 所示。

图 3-3　关键词回复设置界面

3.3.2.2　群发图文消息

在导航栏中找到"素材管理"选项，并选择该选项中的"新建图文素材"选项，并在相应的位置输入标题、作者以及正文内容，完成后即可发送图文消息。正文内容可进行格式设置，同时也可插入图片、视频等内容。新建图文消息界面如图 3-4 所示。

进行图片编辑时应注意：①图片需要上传到公众号的素材库，且图片大小不能超过5 MB。②长时间未进行操作时，需要刷新才能上传图片，刷新之前需要点击一下保存。③文章中的图片是可以剪裁的，同时微信还提供了一些简单的操作，避免重复上传图片。

若要让图文更加生动，添加视频是一个不错的选择。视频上传有两种方式：自己上传音频或添加 QQ 音乐里的素材。原创音频支持的格式有：MP3、WMA、WAV、AMR，文件大小不能超过 30 MB，语音时长不能超过 30 min。

图 3-4　新建图文消息界面

正文编辑完成后，开发者还要进行封面和摘要设置。封面应选取有代表性的图片，摘要可以帮助读者快速了解内容。

完成上述步骤后单击"预览"按钮，预览无误后单击"群发"按钮。

3.3.2.3　自定义菜单

自定义菜单内链能力强大,支持历史消息和页面模板。自定义菜单界面如图 3-5 所示。编辑菜单内容时,选择"跳转网页"选项,单击"从公众号图文消息中选择"按钮。

在导航栏中找到"自定义菜单"选项,选择后即可进行自定义菜单设置。选择"添加菜单"选项,将名称改为想要的栏目。在已经修改好的名称右侧单击"＋"按钮,修改栏目名称。选择修改栏目名称中一个设置好的一级菜单,并单击菜单上方弹出的"±"。修改栏目名称完成后,选择一个二级菜单,依次选择"发送消息"→"图文消息"→"从素材库中选择"选项。全部完成后,单击"保存并发布"按钮,在弹出菜单中单击"确定"按钮。

注意:自定义菜单最多包括三个一级菜单,每个一级菜单最多包含五个二级菜单;一级菜单最多四个汉字,二级菜单最多七个汉字,多出来的部分将会以"..."代替。

创建自定义菜单后,菜单的刷新策略为:在用户进入公众号会话页或公众号首页时,如果发现上一次拉取菜单的请求是 5 min 以前的,系统将会重新拉取菜单。如果菜单有更新,系统将会刷新客户端的菜单。测试时,开发者可以尝试取消关注公众账号,然后再次关注,这样就可以看到创建后的效果。

图 3-5　自定义菜单界面

3.3.2.4　页面模板设置

在导航栏中找到"页面模板"选项,选择后即可进行页面模板设置。

微信公众平台为用户提供了三种页面模板,分别为列表模板、综合模板以及视频模板。列表模板是将分好类的历史文章、视频以列表的形式呈现;综合模板会凸显一个封面;视频模板则有两种大小不同的视频排列,开发者可以根据需要展示的内容选择适合的模板。选定模板后,开发者要对模板的内容进行编辑。首先,开发者要输入页面名称,然后单击"添加"按钮,选择展示在此页面的文章或视频。添加完成后,单击"发布"按钮即可保存模板。然后,进入自定义菜单界面将页面模板嵌入菜单。勾选"子菜单内容"选项为"跳转网页",选择"从公众号图文消息中选择"选项,接着选择"页面模板"选项即可。最后,单击"保存并发布"按钮,用户即可在微信公众号的菜单里看到所选定的文章列表。页面模板设置界面如图 3-6 所示。

图 3-6　页面模板设置界面

3.3.2.5　公众号设置(名称、头像更改)

单击首页右上方的头像,将弹出"公众号设置"对话框,对话框中的账号详情界面如图 3-7 所示。另外,单击头像可进行头像修改。

注意:一个公众号在一个月内有五次申请修改头像的机会。新头像不允许涉及政治敏感与色情内容,修改头像需经过审核。头像图片只支持 BMP、JPEG、JPG、GIF 和 PNG等格式,大小不得超过 2 MB。

　　单击账号详情界面中名称右侧的"修改"按钮即可进行名称修改,修改时需要进行图 3-8 所示的身份验证。

图 3-7　账号详情界面

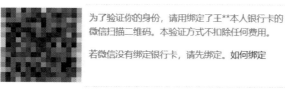

图 3-8　修改名称界面

3.3.2.6　人员设置

　　在导航栏中找到"设置"选项中的"人员设置"选项,选择后可添加管理人员。单击人员设置界面中的"绑定运营者微信号"按钮,输入运营者微信号进行绑定,被邀请的运营者进行微信确认后即可参与运营管理。绑定运营者微信号界面如图 3-9 所示。

注意:一个小程序最多可以绑定 5 个长期运营者和 20 个短期运营者。

图 3-9　绑定运营者微信号界面

3.3.2.7　用户管理和消息管理

在导航栏中找到"管理"选项中的"用户管理"选项,选择后可进行用户管理。用户管理界面如图 3-10 所示。

图 3-10　用户管理界面

　　用户管理界面具有用户搜索功能,该功能支持对用户昵称的搜索。除用户管理界面的搜索功能外,素材库图文消息和消息管理界面也具有搜索功能,消息管理界面如图3-11所示。这些搜索功能在用户体验上保持一致,输入框内提示支持的搜索内容,输入框有内容时支持快捷删除。此外,用户管理界面还有粉丝备注的删除功能,运营者可删除已设置的粉丝备注。

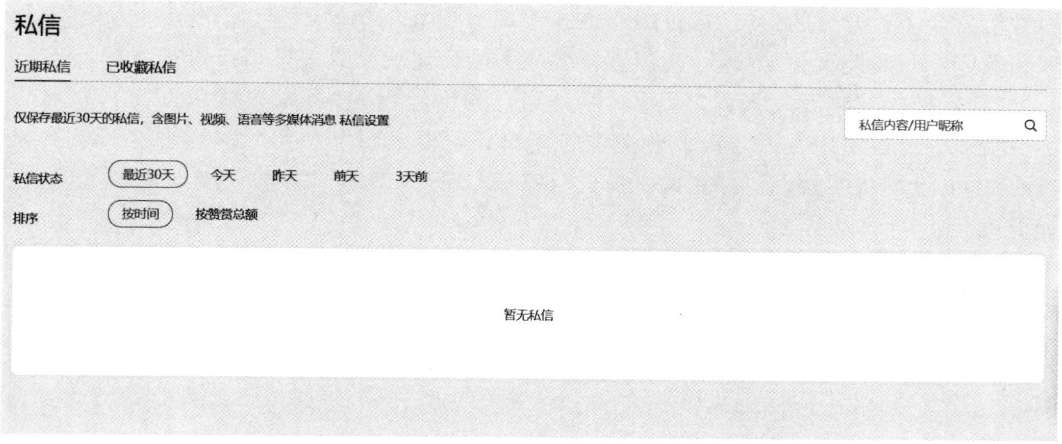

私信

近期私信　　已收藏私信

仅保存最近30天的私信, 含图片、视频、语音等多媒体消息 私信设置　　　　　　　　　　　　　　　　　私信内容/用户昵称　🔍

私信状态　　（最近30天）　今天　　昨天　　前天　　3天前

排序　　　　（按时间）　按赞赏总额

暂无私信

图 3-11　消息管理界面

3.3.2.8　回复粉丝

　　微信加强了回复框与对应粉丝的关联,缩小了消息回复框,且新增了换行快捷键(即 Shift＋Enter),方便运营者与粉丝进行个性化互动。回复粉丝界面如图 3-12 所示。

与 ▩▩▩▩ 的聊天

无法发送私信

对方10天内未与你互动

暂无私信记录

只记录近30天聊天记录

图 3-12　回复粉丝界面

3.3.3　微信公众号的开发模式

微信公众号的编辑模式主要针对非编程人员及信息发布类公众账号。开启该模式后,运营者可以方便地通过界面配置"自定义菜单"和"自动回复的消息"。

微信公众号的开发模式主要针对具备开发能力的人。开启该模式后,运营者能够使用微信公众平台开放的接口,通过编程方式实现自定义菜单的创建,用户消息的接收、处理和响应。开发模式更加灵活,建议有开发能力的公司或个人都采用该模式。

"编辑模式"和"开发模式"不能同时开启。若已经设置"开发模式",开发人员将以"开发者"的身份使用微信公众平台提供的接口。若要设置并使用"编辑模式",则"开发模式"中的设置将失效,需关闭"编辑模式",重新打开"开发模式"才可使"开发模式"的设置生效。

3.4　微信小程序开发简述

小程序提供了一个简单、高效的应用开发框架和丰富的组件及 API,帮助开发者在微信中开发具有原生 App 体验的服务。整个小程序框架系统分为两部分,分别为逻辑层(App Service)和视图层(View)。小程序提供了自己的视图层描述语言 WXML(WeiXin Markup Language,微信标签语言)和 WXSS(WeiXin Style Sheets,微信样式语言),以及基于 JavaScript 的逻辑层框架,并在视图层与逻辑层间提供了数据传输和事件系统,让开发者能够专注于数据与逻辑。

开发小程序可以使用原生开发、框架开发、云开发等多种模式。

3.4.1　原生开发

小程序开发使用微信开发者工具。小程序开发语言主要有 JSON(JavaScript Objelt Notation,用于配置文件)、WXML(相当于 HTML)、WXSS(相当于 CSS)和 JavaScript 四种。项目内每一个子文件夹都含有四个对应文件。使用微信开发者工具新建项目可以获得初始的小程序文件结构。小程序的 JSON 配置文件包括项目配置(project. config. json)、全局配置(app. json)和页面配置(page. json)。JavaScript 中有 data(数据)对象,开发者可以在 data 中增加键值对,从而在 WXML 中用双花括号进行数据绑定。点击事件可以使用 bindtap 或 catchtap 触发。它们的区别在于,bindtap 事件会冒泡,而 catchtap 事件不会冒泡。点击事件触发时,this 表示当前页面,因此必须用 this. setData 才能修改 data 对象的值,而且获得 data 中的 count 需要用 this. data. count 语法。点击事件触发时,按钮可以获得事件对象的 event,而 event 可以获得点击元素的自定义属性等数据,可用于函数传参。

和使用框架相比,原生开发存在以下问题:①原生开发对 Node(一个服务器端的 JavaScript 解释器)、预编译和 Webpack(一个开源的前端打包工具)的支持不好,影响开发效率和工程构建;②与专业编辑器相比,微信的 IDE(微信 Web 开发者工具)不好用。

3.4.2　WePY

WePY 是一个类 Vue 开发风格的小程序框架,相比于现在官方提供的开发者工具,它具备以下几个特点:

(1)完全实时。WePY 已全面支持 WXML、JavaScript 和 JSON 文件的自动热更新,文件保存后的相应变化会自动更新到小程序的运行环境,开发者完全不需要重建、重启。因为没有了刷新,开发者不用再费时去操作界面,重现修改前的页面状态。

(2)更加稳定。WePY 的小程序构建过程相比官方工具要更加稳定,不会像官方工具一样经常性报错,甚至直接崩溃。如果遇到后台或者小程序构建错误,WePY 会在页面上即时给出错误提醒。

(3)更多的 API。WePY 除了支持官方已支持的全部 API 之外,还实现了重力感应和罗盘 API,开发者可以在支持相应 HTML5 接口的移动端浏览器上进行调试。

使用 WePY 开发小程序时,除了要遵循 WePY 的语法外,还可保留原生 App 的开发方式,并可根据喜好与需求保留原生语法或使用 WePY 优化语法。

3.4.3　mpvue

mpvue 是一套定位于开发小程序的前端开发框架,其核心目标是提高开发效率,增强开发体验。使用该框架时,开发者只需初步了解小程序开发规范,熟悉 Vue.js 基本语法即可上手。mpvue 保留了 Vue.runtime 的核心方法,无缝继承了 Vue.js 的基础能力。该框架还提供了完整的 Vue.js 开发体验。开发者编写 Vue.js 代码,mpvue 将其解析转换为小程序,并确保其正确运行。mpvue 拥有彻底的组件化开发能力,提高了代码复用性;mpvce 可提供完整的 Vue.js 开发体验和方便的 Vuex 数据管理方案,方便构建复杂应用。

与 WePY 不同,mpvue 除了可将代码编译为原生框架所支持的外,还支持使用 HTML 标签,因此可以增加代码复用性,比较适合需要 Web 端、小程序端等多端支持的项目。

3.4.4　云开发

小程序的云开发和非云开发区别如下:云开发无须建服务器,小程序云提供了一个免费基础版本;而非云开发需要搭建服务器。云开发项目可以快速上线,可以不依托外部的云服务器来进行数据库的增加、删除、修改、查找以及对象存储。

云开发是腾讯云为移动开发者提供的一站式后端云服务,它帮助开发者统一构建和管理资源,免去了移动应用开发过程中烦琐的服务器搭建及运维、域名注册及备案、数据接口实现等流程,让开发者可以专注于业务逻辑的实现,而无须理解后端逻辑及服务器运维知识,开发门槛更低,效率更高。开发者可以使用云开发来开发微信小程序、小游戏,无须搭建服务器。云开发为开发者提供了完整的原生云端支持和微信服务支持,弱化了后端和运维概念。云开发使用平台提供的 API 进行核心业务开发,可实现小程序快速上线和迭代。云开发技术整合了腾讯云的基础能力和小程序开放能力,拥有超过 150 个开放接口。集成于小程序控制台的原生云服务让开发者在开发小程序时从繁冗的开发配置工作中解放出来,专注业务代码逻辑的编写。云开发技术提供了以下四大基础能力支持:

(1)云函数:对于在云端运行的代码,微信私有协议具有天然鉴权,开发者只需编写自身业务逻辑代码。

(2)数据库:一个既可在小程序前端操作,也能在云函数中读写的 JSON 数据库。

(3)云存储:在小程序前端直接上传/下载云端文件,在云开发控制台进行可视化管理。

(4)云调用:具有基于云函数免鉴权使用小程序开放接口的能力,包括服务端调用、获取开放数据等能力。

习　题

1. 微信公众号可以用来做什么?
2. 微信小程序和 App 分别适合什么样的需求场景,如何选择?
3. 简述微信小程序开发的具体步骤及所需的文件结构。
4. 微信公众平台与微信开放平台有什么区别?
5. 微信公众平台有哪些用户类型?

实　践

1. 请创建一个空白项目,在页面中输出"Hello World"。
2. 请创建两个页面,通过按钮来相互切换。
3. 请编写一个商品列表页面,展示商品名称和价格。

第 4 章　微网站开发

4.1　第三方平台

微信小程序已成为商业营销中的重要一环,越来越多的商家和企业都开始制作自己的小程序。相较于 App 高额的开发费用,小程序可以实现基本相同的功能,但开发和推广成本要低得多,是现在许多移动互联网营销企业的不二选择。

企业可以根据自身的实际情况选择小程序开发的方法。开发小程序的方法包括原生态开发、组建技术团队开发、外包开发和使用第三方小程序开发工具开发等四种。

4.1.1　第三方平台概述

微信开放平台的第三方平台(通常简称"第三方平台")开放给所有通过开发者资质认证的开发者使用。在得到公众号或小程序运营者(简称"运营者")授权后,第三方平台开发者可以通过调用微信开放平台的接口,为公众号或小程序的运营者提供账号申请、小程序创建、技术开发、行业方案、活动营销和插件能力等全方位服务。

对于普通零售商家来说,使用第三方平台开发的模板类电商小程序的开发费用在可接受范围内,而定制和开发电商小程序都比较昂贵。而且使用第三方平台开发的模板类电商小程序非常简单,不会浪费商家太多时间,最快十几分钟就能做好自己的小程序。所以这种方式也是目前各类零售行业制作小程序的主流方式。

4.1.2　第三方平台的优势

为什么很多中小企业都选择使用第三方平台开发微信小程序呢?

(1)第三方平台是微信官方许可的,即规范运营的服务,可以帮助中小企业实现业务需求。

(2)可以避免烦琐设置。与使用微信开发者工具做原生态开发相比,使用第三方平台开发时不需要进行烦琐的参数设置,因此开发的效率非常高。

(3)具有安全可靠的授权。与使用软件外包等开发方式相比,使用第三方平台开发小程序时,密码不需要提供给开发者,因此保证了开发过程和使用过程的安全。

4.1.3　第三方平台的分类

在平台类型上,第三方平台分为定制化型和平台型。

(1)定制化型:定制化型服务商指的是通过获取商家提供小程序或者公众号的AppID 和 AppSecret(小程序密钥)进行开发的服务商。小程序或公众号的内容可以完全是定制化的,服务商可以将票据埋在小程序中(具体操作请查看创建定制化型服务商),便于平台识别出该小程序是某个第三方服务商代开发的。

(2)平台型:平台型服务商指的是可通过第三方平台的 authorizer_access_token 在获得商家授权后代替商家调用小程序/公众号相关接口,进行开发的服务商;如果是小程序开发,则服务商可以将小程序代码上传托管到第三方平台的小程序模板库中。利用第三方平台的能力,服务商可基于一个模板发布多个小程序,有利于服务商批量为商家开发小程序。

在技术上,第三方平台是通过获得公众号或小程序的接口能力的授权,然后代公众平台账号调用各业务接口来实现业务的。因此,第三方平台在调用各接口时,必须遵循公众平台运营规范。

4.1.4　第三方开发平台举例

提供第三方小程序开发的互联网企业有很多,且大多和对应行业有关。比较知名的电商企业小程序应用服务平台有点点客、有赞等,也有很多服务中小企业的第三方平台,如微盟、腾讯云等。

选一个小程序开发工具,然后再选一个自己需要的模板,就能快速生成一个小程序。模板功能不同,小程序开发工具的价格也不同,功能较复杂的电商类小程序开发费用一般是几千元左右,而功能简单的文章阅读类小程序是免费的。企业可以根据自身需求,选择适合自己的第三方开发平台。

总而言之,如果想让小程序更个性化,有独特的功能,那么企业可选择自己开发或定制。如果没有充足的资金,且需要的是常见的电商、服务预约、文章等功能,那么就更适合选择模板类自助开发工具进行开发。

4.2　使用有赞快速搭建微信小程序

有赞为卖家提供了成熟的全行业电商解决方案,同时打造了大量的分销体系,运营支持体系也相当完善,基础功能已经很成熟,其商家后台也提供了丰富的运营工具。有赞小程序是有赞继微商城之后推出的小程序,通过有赞平台,商家能够快速搭建电商小程序,实现通过各大平台小程序卖货的需求。

4.2.1　有赞小程序简介

有赞原名"口袋通",2012 年在杭州一家咖啡馆孵化,2014 年 11 月正式更名为有赞。有赞致力于为商家提供基于微信等社交网络商城的管理模块、营销应用和活动插件。2017 年小程序发布后,有赞凭借长期的微商城经验,迅速为商家提供有赞小程序服务。

有赞是移动互联网时代非常好用的营销工具。它基于 SaaS 模式,整合资源、深度挖掘,向商家提供强大的微商城系统和完善的私域流量解决方案。目前,有赞已服务了百万个商家,并帮助商家服务了近 4 亿消费者。

有赞微商城可以快速搭建自己的网上店铺和小程序,一个软件就可以解决网上开店的所有问题。借助有赞提供的营销工具,企业可在微信、支付宝、微博、QQ 空间、微信社交广告等多渠道开展营销活动,推广获客,建立起自身的私域流量变现及增长模式,从而持续经营自己的新老客户。

4.2.2　有赞小程序生成方式及区别

商家可以按照自己的业务需求选择合适的有赞产品,可以获得自己的有赞微信商城和有赞小程序,装修之后就可以使用。

有赞小程序分为公共版和专享版,两者在店铺搭建工具、营销功能数量、费用等方面都没有区别,只在小程序申请、支付渠道、流量入口等方面有区别。

(1)申请方面,专享版小程序需要商家单独向微信申请并授权有赞,公共版只要注册有赞账号就可以一键生成,在小程序申请上公共版比专享版更便捷。

(2)支付渠道方面,专享版支持微信自有的支付和有赞提供的支付渠道微信支付—代销,公共版只支持微信支付—代销,支付渠道方面公共版会有限制。

(3)流量入口方面,不论是微信聊天页下拉还是微信搜索等渠道,专享版都能直接找到,而公共版需要先进入"有赞",然后再找到商家小程序。

一般来说,如果不是很重视小程序微信官方注册的步骤,更建议商家选择专享版有赞小程序。

4.2.3　有赞小程序产品功能

有赞小程序的核心功能优势体现在以下几点:

(1)店铺搭建。有赞小程序有丰富的行业模板和装修组件,可以支持商家灵活搭建自己的个性化店铺。对于全店风格、分类导航、节日主题、公共广告等,用户都可以根据需求选择模板或自定义。目前有赞小程序包含 3 种全店风格、58 个页面模板、29 个装修组件,可以充分满足客户对店铺风格样式的要求。

(2)营销功能。营销功能共有六项。①商品类型:有赞小程序目前能够支持实物商品、虚拟商品、电子卡券等商品的购买,暂不支持酒店商品、烘焙商品的购买,也无法实现链接外部商品购买。②页面组件:页面组件有富文本、辅助线/辅助空白、魔方、商品搜索、自定义模块等。③营销工具:营销工具有优惠券/码、限时折扣、秒杀、多人拼团、满减/送、积分商城、限时折扣等。④配送方式:配送方式有上门自提、同城配送、快递发货等。⑤会员管理:目前有赞仅支持会员卡发放和积分管理,暂不支持会员标签管理。

⑥分销功能:有赞小程序支持分销员功能,所有分销功能对标有赞微商城分销员功能。有赞小程序分销员与有赞微商城共用一套分销员管理后台。

(3)数据分析。有赞小程序的数据统计更加精细化,除了基本的客户、商品、订单等数据的统计,还涉及细化的流量监控、推广效果跟踪、推广/交易分析等,其提供的多维度可视化图表可以大大减少商家的数据分析工作量,为商家分析决策提供参考。

(4)三方插件支持。有赞小程序后台提供了三方插件接入的模块,共 40 多种店铺管理、营销管理、门店打通方面的三方插件和系统,无须二次开发接口就能接入有赞小程序,可以满足部分商家的更多需求。比如,部分商家需要同步自己在京东、天猫等渠道的业务数据,只需在开放平台选取具备同步功能的 ERP(企业资源计划)管理系统直接对接,无须专门再做插件和小程序的对接接口,十分便捷。这对有个性化需求的商家扩展小程序能力有很大帮助。

目前,有赞具备为多行业提供线上电商解决方案的能力,也可以为门店商家打通线上线下销售渠道。有赞小程序具有丰富的店铺搭建工具、细化的营销功能、多维度的数据分析功能和大量的服务经验,占据了大量的市场份额。

4.2.4 使用有赞绑定微信小程序

(1)申请有赞账号和微信小程序账号,在有赞后台创建店铺,创建店铺界面如图 4-1 所示。

图 4-1 创建店铺界面

(2)绑定微信小程序账号。点击创建的店铺,进入有赞微商城后台,依次选择"店铺"→"小程序店铺"→"微信"选项,打开微信小程序。绑定小程序账号界面如图 4-2 所示。

图 4-2　绑定小程序账号界面

（3）用注册小程序管理员微信号扫码授权。注意：授权之前，必须先完成店铺认证。

（4）设置小程序支付方式。使用微信支付，商家需确保在有赞店铺的认证信息与小程序的认证信息保持一致，且认证主体为企业。微信支付代申请预计在 1～3 个工作日内完成审核。

（5）完成支付设置后，在通用设置页面发布小程序，然后等待微信审核（预计 7 个工作日内完成审核）。

4.2.5　小程序店铺装修

绑定微信小程序后，就可以通过有赞对微信小程序店铺进行装修了。

（1）依次选择"店铺"→"内容创作"→"微页面"选项，进入店铺装修界面，如图 4-3 所示。

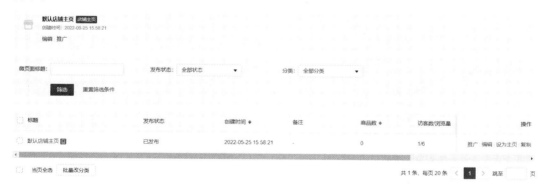

图 4-3　店铺装修界面

微页面是商城的内容页面，可以设置为店铺主页，客户进入店铺可以浏览页面内容，相当于线上商城。优质的微页面可以吸引客户的浏览兴趣，使客户快速找到自己想要买的商品，给客户带来良好的购物体验，最终实现较高的转化率。

商家可以直接套用系统提供的页面模板，也可以自定义装修页面。

（2）新建微页面。单击"新建微页面"按钮，打开选择页面模板界面，可以根据需要选择行业模板、系统页模板等不同的模板，也可以付费选择定制装修服务，如图4-4所示。

图 4-4　新建微页面

（3）选择一种模板。单击"编辑"按钮，可以对微页面进行进一步的编辑操作。选择模板界面如图 4-5 所示。有关微页面的装修，请参考有赞提供的微页面模板装修教程。

（4）微页面装修成功，在主界面中将其设置为微信小程序主页后，商家就可以在微信小程序中使用该页面了。设置主页界面如图 4-6 所示。

微页面 / 编辑微页面　　　　　　　　　　　　　　　　　　　　　　　　　　Q 搜索

图 4-5　选择模板界面

图 4-6　设置主页界面

店铺装修的最终效果如图 4-7 所示。

图 4-7　最终效果

4.3　使用上线了开发微信小程序

4.3.1　上线了简介

上线了隶属于上海鲸科信息科技有限公司,海外版为 Strikingly,是美国知名孵化器——Y Combinator 孵化的一个建站平台。上线了平台如图 4-8 所示。

上线了致力于帮助小白用户快速、轻松地发布一个网站、小程序和电商平台。企业主、设计师、摄影师、学生等都可以轻松通过上线了经营品牌、展示自己。

上线了是微信小程序官方认证的首批服务商,于 2018 年获 A＋轮千万美元融资。阿里巴巴、蚂蚁金服等知名企业都在使用上线了提供的小程序接入服务。

图 4-8　上线了平台

4.3.2　平台特点

上线了是一个非常简单、口碑也很好的小程序第三方开发平台,基本涵盖了各行各业,包括销售管理、电商、餐饮、服务预约、展示、酒店、门店、文章等。

上线了的功能齐全,比如文章类小程序有轮播图、博客、快捷按钮,电商类小程序有营销工具、会员系统、分销系统,点餐类小程序有员工管理、线下门店管理等等。

上线了的后台支持完全可视化操作,上手极简,如果需要上架的东西不多的话,十几分钟就能上线发布自己的小程序。

上线了的设计简洁,堪称小程序中的清流。上线了支持现代简洁风、唯美小清新、华丽高大上等各种风格。用户也能自定义风格和导航,做出自己的个性。上线了的稳定性也有保障,打开流畅,能让用户有一个很好的使用体验。

4.3.3　使用上线了开发微信小程序

下面简单介绍使用上线了平台快速开发微信小程序的操作步骤。

(1)用户注册。首先注册成为上线了用户。

(2)注册完毕后,可登录上线了平台,进入后台管理页面,如图 4-9 所示。上线了提供了小程序、网站、域名、LOGO 设计等服务。

图 4-9　后台管理界面

（3）单击"创建小程序"按钮，选择一个小程序的类型，如超级云名片、点餐、电商、展示等，即可创建相应的微信小程序页面。选择小程序类型界面如图 4-10 所示。

图 4-10　选择小程序类型界面

（4）选择"展示"类型，进入展示小程序开发页面。展示小程序界面如图 4-11 所示。

（5）选择一种模板类型，进入小程序设计页面，可以设置主题色、产品布局、导航栏风格、底部分页导航等通用风格，也可以进行页面设计，如图片、快捷按钮等，还可以添加产品列表、产品分类、快捷按钮等板块。小程序设置界面如图 4-12 所示。

图 4-11　展示小程序界面

图 4-12　小程序设置界面

（6）用户可以随时预览页面效果，如图 4-13 所示。

图 4-13　预览页面效果界面

（7）设计完毕后，单击"立即发布"按钮，即可扫码绑定微信小程序账号并发布微信小程序了。首次发布需要提交微信审核，审核时间为 1～2 天。提交审核界面如图 4-14 所示。

图 4-14　提交审核界面

使用上线了开发微信小程序是非常简单快捷的，10 min 就可以搞定一个简单的小程序。但是，使用上线了开发的微信小程序功能较为单一，给定的模板也难以实现个性化设计。

习　题

1. 微网站可以用来做什么?
2. 请简述微网站的开发流程。

实　践

1. 请创建一个简单的前端界面,并与微信服务号绑定在一起。
2. 请创建一个动态的微网站。

第 5 章　微信小程序开发者工具

5.1　微信小程序介绍

5.1.1　微信小程序简介

微信小程序(简称"小程序",英文名为 Mini Program)是一种不需要下载安装即可使用的应用,它实现了应用"触手可及"的梦想,用户通过"扫一扫"或"搜一下"即可打开应用。

小程序全面开放申请后,主体类型为企业、政府、媒体、其他组织或个人的开发者均可申请注册小程序。小程序、订阅号、服务号、企业号是并行的体系。

微信小程序于 2017 年 1 月 9 日正式上线服务。小程序也是一项门槛非常高的创新。经过多年的发展,开发者构造了新的小程序开发环境和开发者生态。小程序是这么多年来中国 IT 行业里一个真正能够影响到普通程序员的创新成果,现在已经有超过 150 万的开发者加入到小程序的开发团队,共同发力推动小程序的发展。小程序应用数量超过了 430 万,覆盖 200 多个细分的行业,日活用户超四亿。小程序的发展带来了更多的就业机会,上线当年即带动就业 104 万人,社会效应不断提升。

微信将"小程序"定义为"一种新的应用形态"。小程序的推出并非意味着微信要充当应用分占市场,而是"给一些优质服务提供一个开放的平台"。小程序可以借助微信联合登录,打通小程序与开发者已有的 App 后台用户数据交互的道路,但不支持小程序和App 直接跳转。

小程序正式上线后,用户可以通过扫二维码、搜索等方式体验。用户只需将微信更新至最新版本,体验过小程序后,便可在发现页面看到小程序标签,但微信并不会通过发现页面向用户推荐小程序。

小程序提供了显示在聊天顶部的功能,这意味着用户在使用小程序的过程中可以快速返回聊天界面,而在聊天界面也可快速进入小程序,实现小程序与聊天界面之间的便捷切换。

在开发了小程序的公众号主页上,能够看到该主体开发的小程序,点击即可进入相应小程序。由于处于同一账号体系下,公众号关注者可以以更低的成本转化为小程序的用户。

5.1.2　微信小程序的优势

（1）自带推广。小程序自带的"附近的小程序"功能可以帮助商家被 5 km 范围内的微信用户搜索到,解决当下商家广告无处可打的尴尬。店铺根据距离来排序,与品牌大小无关。也就是说,用户离你越近,你就排得越靠前。

（2）触手可及,用完即走。小程序是一种无须下载安装即可使用的应用,能以最低成本触达用户。随着小程序市场的打开,小程序将有望成为企业及商家的标配。

（3）可搜索。微信开放了小程序关键字搜索,提高了企业和商家被搜索到的机会。同时,微信搜索页面还有小程序的快捷入口,可为常用的小程序带来更多的曝光和开启机会。

（4）成本更低。小程序可以大大降低运营成本。从开发成本到运营推广成本,小程序的花费仅为 App 的十分之一。无论是对创业者还是对传统商家来说,这都是一大优势。

（5）更流畅的使用体验。小程序重在用户体验和线上线下的打通,逐渐将微信公众号和 HTML5 的功能进行融合,进而补充其不足。

（6）更多的曝光机会。小程序自上线以来不断释放新能力,对于商家来说,这简直就是福音。商家可以通过更多的渠道来推广自己的小程序,进而实现店铺及商品的推广。

（7）使用即是用户。用户只要使用过小程序,就会成为小程序的用户,该小程序会自动进入用户的发现栏小程序列表中。小程序实现了用最低的成本,让产品出现在用户的微信中。

（8）公众号和小程序完美结合。朋友圈、公众号和小程序分别对应着社交、内容和服务,这三者加起来正好是小程序目前最火爆的变现方案——社交电商。朋友圈推广、公众号引流和小程序变现就是公众号＋小程序模式。

微信让工具回归服务的本质,让一切载体不再是一种载体,而是一种服务。这种服务触达的地方非常深!

当服务融入生活,场景被切得足够小、足够轻时,小程序绝对是用户使用过的触达最深、服务最好的工具,没有之一。

（9）推广速度快。小程序既可以直接分享,也可以线下推广。线上、线下推广都十分便捷。小程序的分享方式多样,传统线下使用场景与线上分享完美结合,在微信公众号、附近小程序、线下、App 上都可以做推广。小程序无处不入,无处不触达。小程序不仅仅小,而且速度快。

5.2　微信小程序开发者注册

5.2.1　登录网站注册账号

（1）进入微信公众平台网站:https://mp.weixin.qq.com。

（2）单击"立即注册"按钮,进入注册选项界面,找到"小程序"选项,点击进入。

（3）使用邮箱注册账号，选择适合自己的账号类型，填写一个未被微信公众平台注册、未被微信开放平台注册、未被个人微信号绑定的邮箱。邮箱填写正确之后，完成登录密码、验证码以及勾选服务协议操作之后，单击"注册"按钮即可。

（4）邮箱激活。微信会向注册账号时绑定的邮箱发送一封激活账户的邮件，通过邮件用户可进入微信公众平台里面的信息登记界面。

（5）信息登记。在信息登记界面选择注册国家/地区以及主体类型，进行主体信息登记。首先，填写姓名、身份证号、管理员手机号、短信验证码；然后，管理员通过个人微信扫描二维码进行身份验证；最后，单击"继续"按钮。管理员确认主体信息无误后，单击"确定"按钮。信息提交成功后，微信小程序注册成功，但仍需要登录小程序的账号进行信息完善。

（6）新注册的微信小程序信息完善。发布小程序时，需要先补充小程序的基本信息，给小程序添加项目成员，生成小程序的 AppSecret。

（7）登录。

5.2.2 获取 AppID 和 AppSecret

（1）在开发设置界面中，小程序开发者可以找到自己的 AppID 和 AppSecret。AppID 是每个小程序所特有的标识，如图 5-1 所示。查看 AppSecret 需要单击"重置"或者"查看"按钮，查看后要记得把 AppSecret 在其他位置记录下来。AppSecret 在"开发设置"界面中 AppID 的下方。AppSecret 是系统随机获取的，每次重新获取都会不同。所以，在第一次获取后，请妥善保存，以免重新生成后，带来不必要的麻烦。在后续的小程序开发过程中，开发者会经常使用这两个数据，一定要妥善保管。

图 5-1　开发设置界面

（2）微信小程序开发者工具的下载地址为 https://developers.weixin.qq.com/miniprogram/dev/devtools/download.html。

5.3　微信小程序开发者工具的使用

5.3.1　新建项目

选择"新建项目",输入 AppID,开发模式选"小程序",然后选择"不使用云服务"。这里我们可以选择测试号进行体验,开发语言为 JavaScript。新建项目界面如图 5-2 所示。

图 5-2　新建项目界面

在微信开发者界面的菜单栏中找到"项目",在其下拉菜单中单击"添加项目"按钮,新建一个微信小程序默认程序"hello world",这样就创建好了我们的第一个小程序。微信小程序的默认演示程序为"Hello World"。在做项目时常常要把不需要的内容删掉,但新手可以先保留,参考、学习里边的文件是如何编写的。微信开发者界面如图 5-3 所示。

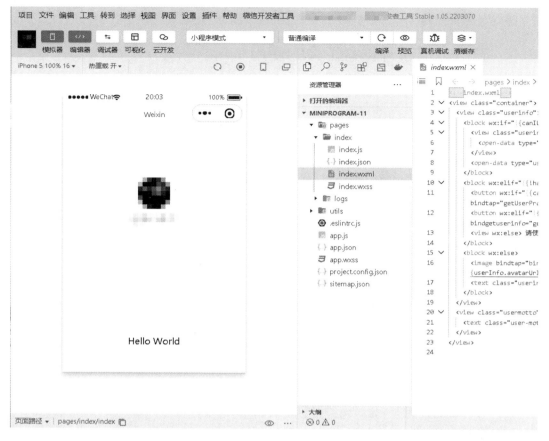

图 5-3　微信开发者界面

5.3.2　开发者工具介绍

（1）菜单栏:通过菜单栏可以访问微信开发者工具的大部分功能。常用菜单如表5-1所示。

表 5-1　常用菜单

名称	作用
项目	用于新建项目或打开一个现有的项目
文件	用于新建文件、保存文件或关闭文件
编辑	开发的时候,需要到编辑区去写代码
工具	用于访问一些辅助工具,如自动化测试、代码仓库等
界面	用于控制界面中各部分的显示与隐藏
设置	用于对外观、快捷键和编辑器等部件进行设置
微信开发者工具	可以进行切换账号、更换开发模式和调试等操作

小程序文件组成与作用如表 5-2 所示。

表 5-2　小程序文件组成与作用

名称	作用	是否必填
app.js	App 启动脚本,可以处理一些 App 启动过程中页面加载之前要处理的事情	是
app.json	App 的配置文件,配置项包括 Windows 页面、TAB 菜单栏等	是
app.wxss	App 的公共样式,类似于 CSS	否

在微信开发者页面中有一个名为"pages"的文件夹,该文件夹下存放的是微信小程序的各个页面文件,每个页面文件下都有 .js、.json、.wxss、.wxml 四个文件。基本页面组成文件如表 5-3 所示。

表 5-3　基本页面组成文件

名称	作用	是否必填
.js	JavaScript 文件,主要包含一些业务逻辑的代码	是
.json	配置文件,例如 TAB 的各种属性设置、各个页面的窗口表现	否
.wxml	前端显示页面文件,该文件使用微信小程序的特有组件	是
.wxss	样式表文件,类似于 CSS	否

以上是每个微信小程序页面的四种基本构成,微信开发者工具会根据这些基本构成编译生成相应的小程序实例。小程序开发页面如图 5-4 所示。

图 5-4　小程序开发页面

（2）调试器：调试区开发工具提供了多种调试模式。调试区基本内容如表 5-4 所示，调试器界面如图 5-5 所示。

表 5-4　调试区基本内容

名称	作用
Console	控制台，可以显示错误信息和打印变量的信息等
Sources	显示了当前项目的所有脚本文件，微信小程序框架会对这些脚本文件进行编译
Network	这个区域显示的是与网络相关的信息
Storage	显示当前项目使用 wx.setStorage 接口或者 wx.setStorageSync 接口的数据存储情况
AppData	显示当前项目正在显示的具体数据，开发者可以在这里编译，并且编译结果会在页面实时显示
WXML	用来查看页面中各个组件的位置、属性，可以便捷地设置 WXSS 的属性
Trace	用于真机调试时跟踪调试信息
Sensor	用于模拟地理位置、重力感应
Audits	用于对小程序进行体验评分

图 5-5　调试器界面

（3）模拟器：模拟器是开发者工具提供给开发者的手机模拟器，开发者可以用它模拟操作微信小程序，验证可行性。

图 5-6 为模拟器主界面，由于不同手机屏幕的 CSS 像素不同，宽高比也不同，在开发小程序时应对常见的手机屏幕进行适配。

图 5-6　模拟器主界面

5.4　微信小程序体验

在小程序中设置一个按钮，每点击一次它里面的数值都
会加 1，如图 5-7 所示。

小程序涉及的组件如表 5-5 所示。

2

图 5-7　按钮操作

表 5-5　小程序涉及的组件

名称	作用
view	类似于 HTML 的 DIV
button	按钮

小程序涉及的 API 如表 5-6 所示。

表 5-6　小程序涉及的 API

名称	作用
bindtap	点击事件，点击后触发 JavaScript 中相应事件

index.wxml、index.js、index.wxss 文件中的代码分别如下：

（1）index.wxml 中的代码：

```
<!--index.wxml-->
< view class="view1">
        < button bindtap="add" style="background-color：#ffe793">
        {{number}}</button>
```

</view>

（2）index. js 中的代码：

```
/* index. js */
Page({
        data：{
            number:0
            },
        add:function( ){
            this. setData({number:this. data. number+1})
                }
})
```

（3）index. wxss 中的代码：

```
/* * index. wxss * */
view1{
        margin-top：30rpx;
}
```

第6章 微信小程序常用组件介绍

6.1 微信小程序组件的作用

6.1.1 组件简介

　　微信小程序为小程序开发者提供了一系列小程序基础组件,它们在 WXML 中起着各不相同的作用。开发者可以通过组合这些小程序基础组件进行微信小程序的快速开发。

　　微信小程序组件是什么? 微信小程序组件怎么用?

　　(1)小程序组件是视图层的基本组成单元。

　　(2)小程序组件自带一些功能与微信风格的样式。

　　(3)一个小程序组件通常包括<开始标签>和</结束标签>,在开始标签中添加属性来修饰这个组件,内容在两个标签之内。

　　语法格式如下:

<标签名称 属性＝"值">
内容
</标签名称>

　　代码如下:

```
< tagname property＝"value">
    Content goes here . . .
</tagename >
```

　　注意:①组件可以通过属性进行配置,属性只能用于开始标签或单个自闭合标签,不能用于结束标签。②一个组件可以对应多个属性,属性具有名称和值两部分,组件的属性名称都是小写,以连字符"-"连接。组件属性分为所有组件都有的共同属性和组件自定义的特殊属性。③与 HTML 元素一样,一个组件是指从组件开始标签到结束标签的所有代码。由于组件可能会被转译为不同端对应的代码,所以在页面创建过程中,不能使用小程序组件标签以外的标签。

— 93 —

6.1.2 组件的属性及类型

6.1.2.1 组件的属性

组件的属性如表 6-1 所示。

表 6-1　组件的属性

组件	属性
id	组件的唯一表示,保持整个页面唯一
class	组件里的样式类,在对应的 WXSS 中定义的样式类
style	组件的内联样式,即可以动态设置的内联样式,使用方式同 HTML 标签 style 属性一样
hidden	标明组件是否显示,所有组件默认显示
data- *	自定义属性,组件上触发事件时,会发送给事件处理函数
bind * 和 catch *	组件的事件,绑定逻辑层相关事件处理函数。bind 为冒泡事件,catch 为非冒泡事件

注意:除上述属性以外,几乎所有组件都有自定义属性,可以对该组件的功能或样式进行修饰。

6.1.2.2 组件的类型

每个属性都有其对应的类型,使用时应给属性值传入对应的类型值。属性按类型可分为:

(1)Boolean:布尔值。组件写上该属性后,不管该属性等于什么,其值都为 true;只有组件上没有写该属性时,属性值才为 false。如果属性值为变量,变量的值会被转换为 Boolean 类型。

(2)Number:数字。

(3)String:字符串。

(4)Array:数组。

(5)Object:对象。

(6)EventHandler:事件处理函数名。

(7)Any:任意属性。

6.1.3 组件的分类

按照功能,组件主要分为八类:视图容器组件、基础内容组件、表单组件、导航组件、媒体组件、地图组件、画布组件以及客服会话按钮组件。

6.2　微信小程序的组件开发

6.2.1　视图容器组件

6.2.1.1　视图容器（view）

view 是静态的视图容器，通常用"< view > </view >"标签表示一个容器区域。视图容器本身没有大小和颜色，需要开发者自己进行样式设置。视图的基本属性如表 6-2 所示。

表 6-2　视图的基本属性

属性名	类型	默认值	说明
hover	Boolean	false	表示是否启用点击态
hover-class	String	none	指定按下去的样式类。当 hover-class = "none" 时，没有点击态效果
hover-start-time	Number	50	指定按住后多久出现点击态，单位为 ms
hover-stay-time	Number	400	手指松开后点击态保留时间，单位为 ms

实例 6-1　视图组件的简单应用。

（1）view. wxml 中的代码片段如下：

```
< view class="page__bd">
        < view class="section">
                < view class="section__title">flex-direction：row </view >
                < view class="flex-wrp" style="flex-direction:row;">
                    < view class="flex-item bc_red">1 </view >
                    < view class="flex-item bc_green">2 </view >
                    < view class="flex-item bc_blue">3 </view >
                </view >
    </view >
        < view class="section">
                < view class="section__title">flex-direction：column </view >
                < view class="flex-wrp" style="height：300px;flex-direction：column;">
                < view class="flex-item bc_red">1 </view >
                < view class="flex-item bc_green">2 </view >
```

— 95 —

```
                        <view class="flex-item bc_blue">3</view>
        </view>
```

（2）view.wxss 中的代码如下：

```
flex-wrp{
        height：100px；
        display：flex；
        background-color：rgb(157，187，23)；
    }
flex-item{
        width：100px；
        height：100px；
}
```

视图组件的应用效果如图 6-1 所示。

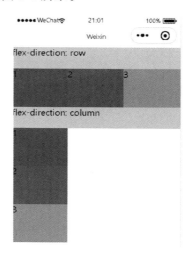

图 6-1　视图组件的应用效果

6.2.1.2　可滚动视图区域组件（scroll-view）

使用竖向滚动时，需要给 scroll-view 一个固定高度，即通过 WXSS 设置 height 来完成。组件属性的长度单位默认为 px，从微信 2.4.0 版本开始支持传入单位为 rpx/px。可滚动视图区域的基本属性如表 6-3 所示。

表 6-3　可滚动视图区域的基本属性

属性名	类型	默认值	说明
scroll-x	Boolean	false	允许横向滚动
scroll-y	Boolean	false	允许纵向滚动

续表

属性名	类型	默认值	说明
upper-threshold	Number	50	距顶部/左边多远时（单位为 px），触发 scrolltoupper 事件
lower-threshold	Number	50	距底部/右边多远时（单位为 px），触发 scrolltolower 事件
scroll-top	Number	—	设置竖向滚动条位置
scroll-left	Number	—	设置横向滚动条位置
scroll-into-view	String	—	值应为某子元素 ID（ID 不能以数字开头）。设置哪个方向可滚动，则在哪个方向滚动到该元素
scroll-with-animation	Boolean	false	在设置滚动条位置时使用动画过渡
enable-back-to-top	Boolean	false	iOS 点击顶部状态栏、安卓双击标题栏时，滚动条返回顶部，只支持竖向
bindscrolltoupper	EventHandle	—	滚动到顶部/左边，会触发 scrolltoupper 事件
bindscrolltolower	EventHandle	—	滚动到底部/右边，会触发 scrolltolower 事件
bindscroll	EventHandle	—	滚动时触发，event. detail＝{ scrollLeft，scrollTop，scrollHeight，scrollWidth，deltaX，deltaY}

实例 6-2　可滚动视图区域组件的简单应用。

（1）scroll-view. wxml 中的代码片段如下：

```
< view class＝"page">
    < view class＝"page__hd">
    < text class＝"page__title"> scroll-view </text >
    < text class＝"page__desc">可滚动视图区域</text >
    </view >
    < view class＝"page__bd">
    < view class＝"section">
      < view class＝"section__title"> vertical scroll </view >
      < scroll-view scroll-y＝"true" style＝"height：200px;"bindscrolltoupper＝"upper"
        bindscrolltolower＝" lower" bindscroll＝" scroll" scroll-into-view＝"{{toView}}" scroll-top＝"{{scrollTop}}">
< view id＝"green" class＝"scroll-view-item bc_green"> </view >
```

```
< view id = "red" class = "scroll-view-item bc_red"> </view >
< view id = "yellow" class = "scroll-view-item bc_yellow"> </view >
< view id = "blue" class = "scroll-view-item bc_blue"> </view >
</scroll-view >
</view >
</view >
</view >
```

(2)scroll-view. js 中的代码片段如下：

```
var order = ['green', 'red', 'yellow', 'blue', 'green']
Page({
    data：{
        toView: "green"
    },
    upper：function (e) {
        console. log(e)
    },
    lower：function (e) {
        console. log(e)
    },
    scroll：function (e) {
        console. log(e)
    },
    scrollToTop：function (e) {
        this. setAction({
            scrollTop：0
        })
    },
    tapMove：function (e) {
        this. setData({
            scrollTop：this. data. scrollTop + 10
        })
    }
})
```

可滚动视图区域组件的应用效果如图 6-2 所示。

图 6-2　可滚动视图区域组件的应用效果

代码说明：本实例中使用了一个< scroll-view >组件，使用属性 scroll-y 定义其中的纵向滚动。一个< scroll-view >中包含了四个< view >。

6.2.1.3　swiper 插件

swiper 插件的基本属性如表 6-4 所示。

表 6-4　swiper 插件的基本属性

属性名	类型	默认值	说明
indicator-dots	Boolean	false	是否显示面板指示点
indicator-color	Color	rgba(0,0,0,.3)	指示点颜色
indicator-active-color	Color	#000000	当前选中的指示点颜色
autoplay	Boolean	false	是否自动切换
current	Number	0	当前所在页面的 index
interval	Number	5000	自动切换时间间隔
duration	Number	500	滑动动画时长
circular	Boolean	false	是否采用衔接滑动
vertical	Boolean	false	滑动方向是否为纵向
bindchange	EventHandle	—	current 改变时会触发 change 事件，event.detail = { current: current, source: source}

从公共库 v1.4.0 版本开始，change 事件返回 detail 中包含一个 source 字段，表示导致变更的原因，可能值如下：

(1)autoplay：自动播放导致 swiper 变化。

(2)touch：用户划动引起 swiper 变化。

（3）其他原因将用空字符串表示。

注意：swiper 中只可放置< swiper-item/>组件，否则会导致未定义的行为。swiper-item 仅可放置在< swiper/>组件中，宽高自动设置为100％。

实例 6-3 swiper 插件的简单应用。

（1）swiper. wxml 中的代码片段如下：

```
< view class="page">
    < view class="page__hd">
        < text class="page__title"> swiper </text >
        < text class="page__desc"> swiper </text >
</view >
    < view class="page__bd">
        < view class="section section_gap swiper">
        < swiper indicator-dots="{{indicatorDots}}" vertical="{{vertical}}"
            autoplay=" {{ autoplay}}" interval=" {{interval}}" duration=
        "{{duration}}">
        < block wx:for-items="{{background}}">
< swiper-item >
        < view class="swiper-item bc_{{item}}"> </view >
</swiper-item >
</block >
</swiper >
</view >
< view class="btn-area">
        < button type="default"bindtap="changeIndicatorDots"> indicator-dots
        </button >
        < button type=" default" bindtap=" changeVertical "> {{ vertical?
' horizontal ':' vertical '}}</button >
        < button type="default"bindtap="changeAutoplay"> autoplay </button >
</view >
        < sliderbindchange="durationChange" value="{{duration}}" show-value
        min="500" max="2000"/>
        < view class="section__title"> duration </view >
        < sliderbindchange="intervalChange" value="{{interval}}" show-value
        min="2000" max="10000"/>
        < view class="section__title"> interval </view >
</view >
</view >
```

(2)swiper. wxss 中的代码片段如下：

```
Page({
  data：{
        background：['green', 'red', 'yellow'],
indicatorDots：true,
        vertical：false,
autoplay：false,
        interval：3000,
        duration：1000
    },
changeIndicatorDots：function（e）{
        this. setData({
indicatorDots：! this. data. indicatorDots
    })
  },
changeVertical：function（e）{
        this. setData({
            vertical：! this. data. vertical
    })
  },
changeAutoplay：function（e）{
        this. setData({
autoplay：! this. data. autoplay
    })
  },
intervalChange：function（e）{
        this. setData({
            interval：e. detail. value
    })
  },
durationChange：function（e）{
        this. setData({
            duration：e. detail. value
    })
  }
})
```

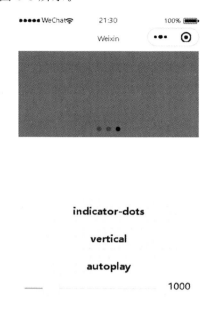

swiper 的应用效果如图 6-3 所示。

图 6-3　swiper 的应用效果

代码说明：该组件中包含了 4 组< swiper-item >，并标明了当前页，在 swiper.wxss 中设置< swiper >和< swiper-item >的高度均为 150 px。

6.2.2　基础内容组件

6.2.2.1　图标组件(icon)

图标组件用于系统图标、软件图标等设计，开发者可以自定义其类型、大小和颜色。图标的基本属性如表 6-5 所示。

表 6-5　图标的基本属性

属性名	类型	默认值	说明
type	String	—	icon 的类型，有效值为 success、success_no_circle、info、warn、waiting、cancel、download、search、clear
size	Number	23	icon 的大小，单位为 px
color	Color	—	icon 的颜色，类似于 CSS 的 color

实例 6-4　图标组件的简单应用。

(1)icon.wxml 中的代码片段如下：

< view class＝"page">

```
  < view class="page__hd">
    < text class="page__desc">icon 图标</text >
</view >
    < view class="page__bd">
      < view class="section section_gap">
      < view class="group">
        < block wx:for-items="{{iconSize}}">
        < icon type="success" size="{{item}}"/>
    </block >
    </view >
</view >
    < view class="section section_gap">
    < view class="group">
      < scroll-view scroll-x >
        < block wx:for-items="{{iconType}}">
          < icon type="{{item}}" size="45"/>
    </block >
    </scroll-view >
    </view >
</view >
    < view class="section section_gap">
      < view class="group">
        < block wx:for-items="{{iconColor}}">
          < icon type="success" size="45" color="{{item}}"/>
    </block >
  </view >
  </view >
</view >
</view >
```

（2）icon.js 中的代码如下：

```
Page({
  data：{
  iconSize：[70，60，50，40，30，20]，
  iconColor：[
      'red'，'orange'，'yellow'，'green'，'rgb(0,255,255)'，'blue'，'purple']，
  iconType：[
      'success'，'safe_success'，'download'，'waiting'，'info'，'safe_warn'，
      'success_circle'，'success_no_circle'，'waiting_circle'，'circle'，'warn'，
```

```
        'info_circle','cancel','search','clear'
        ]
    }
})
```

图标组件的应用效果如图 6-4 所示。

图 6-4　图标组件的应用效果

代码说明：本实例中，icon.js 的 data 中设置了三个数组，分别为 iconSize、iconColor 和 iconType。它们分别用于存储图标的大小、图标的颜色和图标的类型。在 icon.wxml 中，使用< block >标签配合 wx:for 循环可实现批量生成多个标签组件的效果。图标的颜色和大小均可以自由变化。

6.2.2.2　文本组件(text)

文本组件对应的属性如表 6-6 所示。

表 6-6　文本组件的基本属性

属性名	类型	默认值	说明
selectable	Boolean	false	文本是否可选
space	String	—	显示连续空格
decode	Boolean	false	是否解码

生成一个内容可选的文本组件的代码如下：

< text selectable >这一段测试文本</ text >

space 的属性值如表 6-7 所示。

表 6-7　space 的属性值

属性值	说明
ensp	中文字符空格一半大小
emsp	中文字符空格大小
nbsp	根据字体设置的空格大小

注意：①decode 可以解析< >、& 和 &apos。各个操作系统的空格标准不一致。②文本组件内只支持＜text/＞嵌套。③除了文本节点以外的其他节点都无法长按选中。

实例 6-5　文本组件的简单应用。

（1）text. wxml 中的代码片段如下：

```
＜view class＝"page"＞
    ＜view class＝"page__hd"＞
        ＜text class＝"page__title"＞text ＜/text＞
        ＜text class＝"page__desc"＞文字标签＜/text＞
    ＜/view＞
    ＜view class＝"page__bd"＞
        ＜view class＝"section section_gap"＞
            ＜text＞{{text}}＜/text＞
            ＜view class＝"btn-area"＞
                ＜buttonbindtap＝"add"＞add line＜/button＞
                ＜buttonbindtap＝"remove"＞remove line＜/button＞
            ＜/view＞
        ＜/view＞
    ＜/view＞
＜/view＞
```

（2）text. js 中的代码片段如下：

```
varinitData＝' this is first line\\n this is second line'
Page({
    data：{
        text：initData
    },
extraLine：[],
    add：function (e) {
        this. extraLine. push(' other line')
        this. setData({
            text：initData ＋ '\\n' ＋ this. extraLine. join('\\n')
        })
```

```
    },
    remove：function（e）{
      if（this. extraLine. length＞0）{
        this. extraLine. pop（）
        this. setData（{
          text：initData ＋ '\\n' ＋ this. extraLine. join('\\n')
        }）
      }
    }
  }）
```

文本组件的应用效果如图 6-5 所示。

图 6-5　文本组件的应用效果

代码说明：本实例使用了一个文本组件，显示"这是第一行"和"这是第二行"。bindtap 用来设置按钮的功能，bindtap＝' add '表示添加，bindtap＝' remove '表示删除。

6.2.2.3　进度条组件（progress）

进度条组件对应的属性如表 6-8 所示。

表 6-8　进度条组件的基本属性

属性名	类型	默认值	说明	最低版本
percent	Float	无	百分比为 0～100％	—
show-info	Boolean	false	在进度条右侧显示百分比	—
stroke-width	Number	6	进度条线的宽度，单位为 px	—
color	Color	＃09BB07	进度条的颜色（请使用 activeColor）	—
activeColor	Color	—	已选择的进度条的颜色	—

续表

属性名	类型	默认值	说明	最低版本
backgroundColor	Color	—	未选择的进度条的颜色	—
active	Boolean	false	进度条从左往右的动画	—
active-mode	String	backwards	backwards:动画从头播;forwards:动画从上次结束点接着播	1.7.0

声明一个目前正处于 80％刻度,宽为 20 px 的进度条组件,代码如下:

```
< progress percent＝"80" stroke-width＝"20"/>
```

实例 6-6　进度条组件的简单应用。

progress. wxml 的代码片段如下:

```
< view class＝"page">
    < view class＝"page__hd">
        < text class＝"page__title"> progress </text >
        < text class＝"page__desc">进度条</text >
    </view >
    < view class＝"page__bd">
        < view class＝"section section_gap">
            < view >(1)在进度条右侧显示百分比-20％</view >
            < progress percent＝"20" show-info/>
            < view >(2)带动画效果的进度条-40％</view >
            < progress percent＝"40" active/>
            < view >(3)线条宽度为 25px 的进度条-60％</view >
            < progress percent＝"60" stroke-width＝"25"/>
            < view >(4)自定义进度条的颜色为蓝色-80％</view >
            < progress percent＝"80" color＝"♯10AEFF"/>
            < view >(5)综合运用</view >
            < progress percent＝"100" show-info active stroke-width＝"30" color
＝"red"/>
        </view >
    </view >
</view >
```

进度条组件的应用效果如图 6-6 所示。

图 6-6　进度条组件的应用效果

代码说明：本实例依次列举了五种进度条的情况，分别为在进度条右侧显示百分比、带有动画效果的进度条、线条宽度为 25 px 的进度条、自定义颜色的进度条和综合运用。需要注意的是，用户只能使用 activeColor 属性来自定义进度条的选中颜色，单独使用 color 无效。

6.2.3　表单组件

6.2.3.1　按钮组件（button）

按钮组件允许用户通过单击来执行操作。按钮组件既可以显示文本，又可以显示图像。当该按钮被单击时，看起来像是先被按下，然后又被释放。按钮组件对应的基本属性如表 6-9 所示。

表 6-9　按钮组件的基本属性

属性名	类型	默认值	说明	最低版本
size	String	default	按钮的大小	—
type	String	default	按钮的样式类型	—
plain	Boolean	false	按钮是否镂空，背景色透明	—
disabled	Boolean	false	是否禁用	—
loading	Boolean	false	名称前是否带 loading 图标	—
form-type	String	—	用于＜form/＞组件，点击会触发＜form/＞组件的 submit 事件和 reset 事件	—
open-type	String	—	微信开放能力	1.1.0

续表

属性名	类型	默认值	说明	最低版本
hover-class	String	button-hover	指定按钮按下去的样式类。当 hover-class＝"none" 时,没有点击态效果	—
hover-start-time	Number	20	按住后多久出现点击态,单位为 ms	
hover-stay-time	Number	70	手指松开后点击态保留时间,单位为 ms	
session-from	String	—	open-type＝"contact"时有效:用户通过该按钮进入会话时,开发者将收到带有本参数的事件推送。本参数可用于区分用户进入客服会话的来源	1.4.0
bindgetuserinfo Handler	Handler	—	open-type＝"getUserInfo"时有效:用户点击该按钮时,会返回获取到的用户信息,从返回参数的 detail 中获取到的值同 wx.getUserInfo	1.3.0

注意:button-hover 默认为{background-color:rgba(0,0,0,0.1);opacity:0.7;}。

size 属性的有效值如表 6-10 所示。

表 6-10　size 属性的有效值

有效值	说明
default	默认值,按钮宽度与手机屏幕宽度相同
mini	迷你型按钮,按钮尺寸、字号都比普通按钮小

使用 size 属性生成一个普通按钮和一个迷你按钮的代码如下:

＜button size=' default '＞普通按钮＜/button＞

＜button size=' mini '＞迷你按钮＜/button＞

type 属性的有效值如表 6-11 所示。

表 6-11　type 属性的有效值

有效值	说明
primary	主要按钮,按钮颜色为绿色
default	默认按钮,按钮颜色为普通的灰白色
warn	警告按钮,按钮颜色为红色

使用 type 属性生成按钮的代码如下:

＜button type=' primary '＞primary 按钮＜/button＞

＜button type=' default '＞default 按钮＜/button＞

< button type='warn'>warn 按钮</button>

form-type 属性的有效值如表 6-12 所示。

表 6-12　form-type 属性的有效值

有效值	说明
submit	提交表单
reset	重置表单

使用 form-type 属性生成按钮的代码如下：

< button form-type='submit'>提交按钮</button>

< button form-type='reset'>重置按钮</button>

open-type 属性的有效值如表 6-13 所示。

表 6-13　open-type 属性的有效值

有效值	说明	最低版本
contact	打开客服会话	1.1.0
share	触发用户转发,使用前建议先阅读使用指引	1.2.0
getUserInfo	获取用户信息,可以从 bindgetuserinfo 回调中获取到用户信息	1.3.0

实例 6-7　按钮组件的简单应用。

(1)button. wxml 中的代码片段如下：

```
< view class="page">
    < view class="page__hd">
        < text class="page__title"> button </text >
        < text class="page__desc">按钮</text >
    </view >
    < view class="page__bd">
        < view class="btn-area" id="buttonContainer">
            < view class="button-wrapper">
                < button type = " default" size = "{{defaultSize}}" loading =
                "{{loading}}" plain="{{plain}}"
                    disabled="{{disabled}}"bindtap="default"> default
                </button >
            </view >
            < view class="button-wrapper">
                < button type = " primary" size = "{{primarySize}}" loading =
"{{loading}}" plain="{{plain}}"
                    disabled="{{disabled}}"bindtap="primary"> primary
                </button >
```

```
</view>
< view class="button-wrapper">
        < button type=" warn" size=" {{warnSize}}" loading=
"{{loading}}" plain="{{plain}}" 20. disabled="{{disabled}}"
bindtap="warn"> warn
                </button>
        </view>
        < view class="button-wrapper">
                < buttonbindtap="setDisabled">点击设置以上按钮 disabled 属
性</button>
        </view>
        < view class="button-wrapper">
                < buttonbindtap=" setPlain">点击设置以上按钮 plain 属
性</button>
        </view>
        < view class="button-wrapper">
                < buttonbindtap="setLoading">点击设置以上按钮 loading 属性
</button>
        </view>
        </view>
    </view>
</view>
```

（2）button. js 中的代码片段如下：

```
var types=['default', 'primary', 'warn']
varpageObject={
  data: {
defaultSize: 'default',
primarySize: 'default',
    warnSize: 'default',
    disabled: false,
    plain: false,
    loading: false
  },
  setDisabled: function(e) {
    this. setData({
      disabled:! this. data. disabled
    })
  },
```

```
setPlain：function(e) {
 this. setData({
     plain：!this. data. plain
    })
  },
setLoading：function(e) {
    this. setData({
      loading：! this. data. loading
     })
  }
}
for (var i=0；i < types. length；++i) {
  (function(type) {
pageObject[type]=function(e) {
      var key=type + 'Size'
      varchangedData={}
changedData[key] =
      this. data[key] ==='default'？'mini'：'default'
      this. setData(changedData)
    }
  })(types[i])
}
Page(pageObject)
```

按钮组件的应用效果如图 6-7 所示。

图 6-7 按钮组件的应用效果

代码说明：本实例前三个按钮分别展示了默认按钮、主要按钮和警告按钮。第四个按钮使用 disabled 属性实现按钮的禁用；第五个按钮使用 plain 属性设置按钮是否镂空；第六个按钮使用 loading 属性实现加载动画效果。

6.2.3.2　多选项目组件(checkbox)

多选项目组件与多项选择器组件(checkbox-group)配合使用。多项选择器内部由多个多选项目组成。

多项选择器组件只有一个属性，如表 6-14 所示。

表 6-14　多项选择器组件的属性

属性名	类型	默认值	说明
bindchange	EventHandle	—	checkbox-group 中选中项发生改变时触发 change 事件，detail = ﹛ value：﹝选中的 checkbox 的 value 的数组﹞﹜

多选项目组件的基本属性如表 6-15 所示。

表 6-15　多选项目组件的基本属性

属性名	类型	默认值	说明
value	String	—	checkbox 标识，选中时触发 checkbox-group 的 change 事件，并携带 checkbox 的 value
disabled	Boolean	false	是否禁用
checked	Boolean	false	当前选项是否选中，可用来设置默认选中
color	Color	—	设置 checkbox 的颜色，与 CSS 的 color 属性类似

示例代码如下：

```
< checkbox-group >
    < checkbox value=' apple ' checked/>苹果
    < checkbox value=' banana ' disabled/>香蕉
< checkbox value=' grape '/>葡萄
< checkbox value=' lemon '/>柠檬
</ checkbox-group >
```

实例 6-8　多选项目组件的简单应用。

(1)checkbox. wxml 中的代码片段如下：

```
< view class= "page">
    < view class= "page__hd">
        < text class= "page__title"> checkbox </text >
```

```
            < text class="page__desc">多选框</text >
        </view >
        < view class="page__bd">
            < view class="section section_gap">
                < checkbox-groupbindchange="checkboxChange">
                    < label class="checkbox" wx:for-items="{{items}}">
                        < checkbox  value = " {{item. name}}"  checked =
"{{item. checked}}"/>{{item. value}}
                    </label >
                </checkbox-group >
            </view >
        </view >
</view >
```

（2）checkbox. js 中的代码片段如下：

```
Page({
    data：{
        items：[
            { name：'JI'，value：'济南' },
            { name：'BEI'，value：'北京'，checked：'true' },
            { name：'SHANG'，value：'上海' },
            { name：'HA'，value：'哈尔滨' },
            { name：'XI'，value：'西安' },
            { name：'HANG'，value：'杭州' },
        ]
    },
checkboxChange：function (e) {
    console. log(' checkbox 发生 change 事件，携带 value 值为：'，e. detail. value)
    }
})
```

多选项目组件的应用效果如图 6-8 所示。

图 6-8　多选项目组件的应用效果

代码说明：checkbox.js 的 data 中设置了一个数组 items，用于记录多选选项的名称（name）、值（value）以及初始的选中状态（checked）。checkbox.wxml 中使用< checkbox-group >标签形成多选组，并在其内部使用< label >标签配合 wx:for 循环实现批量生成多个 checkbox 组件的效果。

为了达到监听目的，< checkbox-group >标签中添加了 bindchange 属性，其属性值 checkboxChange 为自定义函数名称，然后在 checkbox.js 中添加具体内容，每次被触发都在 Console 控制台打印输出最新选中的值。

6.2.3.3　标签组件（label）

label 用来改进表单组件的可用性，使用 for 属性找到对应的 ID，或者将控件放在该组件标签下，点击标签组件时，就会触发对应的控件。for 绑定的控件的优先级高于内部控件，其内部有多个控件时默认触发第一个控件。目前，标签组件可以绑定的控件有< button/>、< checkbox/>、< radio/>和< switch/>。标签组件的基本属性如表 6-16 所示。

表 6-16　标签组件的基本属性

属性名	类型	说明
for	String	绑定控件的 ID

实例 6-9　标签组件的简单应用。

(1)label.wxml 中的代码片段如下：

```
< view class="page">
    < view class="page__hd">
        < text class="page__title"> label </text >
        < text class="page__desc">标签</text >
    </view >
```

```
< view class="page__bd">
    < view class="section section_gap">
        < view class="section__title">表单组件在 label 内</view>
        < checkbox-group class="group" bindchange="checkboxChange">
            < view class="label-1" wx:for-items="{{checkboxItems}}">
                < label>
                    < checkbox value=" {{item.name}}" checked=
"{{item.checked}}"></checkbox>
                        < text class="label-1__text">{{item.value}}</text>
                </label>
            </view>
        </checkbox-group>
    </view>
    < view class="section section_gap">
        < view class="section__title">label 用 for 标识表单组件</view>
        < radio-group class="group" bindchange="radioChange">
        < view class="label-2" wx:for-items="{{radioItems}}">
        < radio id="{{item.name}}" value="{{item.name}}"checked=
"{{item.checked}}"></radio>
        < label class="label-2__text"for="{{item.name}}"> < text>{{item.name}}
</text> </label>
            </view>
        </radio-group>
    </view>
    < view class="section section_gap">
        < view class="section__title">绑定 button </view>
        < label class="label-3">
            < text>点击这段文字,button 会被选中</text>
        </label>
        < view class="btn-area">
            < button type="default" name="1" bindtap="tapEvent">按钮
</button>
        </view>
    </view>
    < view class="section section_gap">
        < view class="section__title">label 内有多个时选中第一个</view>
        < label class="label-4">
            < checkbox>选中我 </checkbox>
            < checkbox>选不中 </checkbox>
```

```
            < checkbox >选不中 </checkbox >
            < checkbox >选不中 </checkbox >
            < view class＝"label-4_text">点我会选中第一个</view >
        </label >
      </view >
    </view >
</view >
```

(2)label.js 中的代码片段如下：

```
Page({
  data：{
    checkboxItems：[
      {name：'USA', value：'美国'},
      {name：'CHN', value：'中国', checked：'true'},
      {name：'BRA', value：'巴西'},
      {name：'JPN', value：'日本', checked：'true'},
      {name：'ENG', value：'英国'},
      {name：'FRA', value：'法国'},
    ],
    radioItems：[
      {name：'USA', value：'美国'},
      {name：'CHN', value：'中国', checked：'true'},
      {name：'BRA', value：'巴西'},
      {name：'JPN', value：'日本'},
      {name：'ENG', value：'英国'},
      {name：'FRA', value：'法国'},
    ],
    hidden：false
  },
  checkboxChange：function(e) {
   var checked＝e.detail.value
   var changed＝{}
     for (var i＝0; i < this.data.checkboxItems.length; i ＋＋) {
       if (checked.indexOf(this.data.checkboxItems[i].name)!＝＝－1){
         changed['checkboxItems['+i+'].checked']＝true
       } else {
         changed['checkboxItems['+i＋'].checked']＝false
       }
```

```
        }
        this. setData(changed)
    },
    radioChange: function(e) {
        var checked=e. detail. value
        var changed={}
        for (var i=0; i < this. data. radioItems. length; i ++) {
            if (checked. indexOf(this. data. radioItems[i].name)! ===-1){
                changed[' radioItems['+i+'].checked ']=true
            } else {
                changed[' radioItems['+i+'].checked ']=false
            }
        }
        this. setData(changed)
    },
    tapEvent: function(e) {
        console. log('按钮被点击')
    }
})
```

标签组件的应用效果如图 6-9 所示。

图 6-9　标签组件的应用效果

代码说明:label. wxml 中设置了两组效果,即使用 for 属性绑定控件的 ID、直接将控件放在 label 组件的内部。这两组效果用< radio >< checkbox>完成。

6.2.3.4　表单组件(form)

form 的应用很广泛,开发者可以利用 form 设计登录注册界面,也可以设计一种答题问卷的形式。

form 将组件内输入的 switch、input、checkbox、slider、radio 以及 picker 等值进行提交,数据的格式为 name:value,所以表单中控件都需要添加 name 属性,否则找不到对应控件的值。form 的基本属性如表 6-17 所示。

表 6-17　form 的基本属性

属性名	类型	说明
report-submit	Boolean	标明是否返回 formID,用于发送模板消息
bindsubmit	EventHandle	携带 form 中的数据触发 submit 事件,event. detail＝{ value : {"name":"value"} ,formId:"" }
bindreset	EventHandle	表单重置时会触发 reset 事件

实例 6-10　表单组件的简单应用。

(1)form. wxml 中的代码片段如下:

```
< form class＝"page__bd"bindsubmit＝"formSubmit" bindreset＝"formReset">
    < view class＝"section">
        < view class＝"section__title"> input </view>
        < input name＝"input" placeholder＝"请在这里输入" />
    </view>
    < view class＝"section section_gap">
        < view class＝"section__title"> radio </view>
        < radio-group name＝"radio-group">
            < label >< radio value＝"radio1"/> radio1 </label>
            < label >< radio value＝"radio2"/> radio2 </label>
        </radio-group>
    </view>
    < view class＝"section section_gap">
        < view class＝"section__title"> checkbox </view>
        < checkbox-group name＝"checkbox">
< label >< checkbox value＝"checkbox1"/> checkbox1 </label>
< label >< checkbox value＝"checkbox2"/> checkbox2 </label>
        </checkbox-group>
    </view>
    < view class＝"btn-area">
```

```
        <button formType="submit">提交</button>
        <button formType="reset">重置</button>
    </view>
</form>
```

（2）form.js 中的代码片段如下：

```
Page({
  data：{
    pickerHidden: true,
    chosen:"
  },
  pickerConfirm：function (e) {
    this.setData({
      pickerHidden: true
    })
    this.setData({
      chosen：e.detail.value
    })
  },
  pickerCancel：function (e) {
    this.setData({
      pickerHidden: true
    })
  },
  pickerShow：function (e) {
    this.setData({
      pickerHidden: false
    })
  },
  formSubmit：function (e) {
    console.log(' form 发生了 submit 事件,携带数据为:', e.detail.value)
  },
  formReset：function (e) {
    console.log(' form 发生了 reset 事件,携带数据为:', e.detail.value)
    this.setData({
      chosen:"
    })
  }
})
```

form 的应用效果如图 6-10 所示。

图 6-10　form 的应用效果

单击"提交"按钮,控制台显示界面如图 6-11 所示。

图 6-11　单击"提交"按钮后的控制台显示界面

单击"重置"按钮,控制台显示界面如图 6-12 所示。

图 6-12　单击"重置"按钮后的控制台显示界面

代码说明:form.wxml 中包含了一个 form 组件,并为其绑定监听事件。bindsubmit 和 bindreset 分别用于监听表单的提交和重置动作。

<form>组件内部放置了<input>标签、<radio-group>组件和<checkbox-group>组件。

6.2.3.5 单选框组件(radio)

单选框组件与多项选择器组件(radio-group)配合使用。单项选择器内部由多个单选框组件组成。单选框组件的属性如表 6-18 所示。

表 6-18 单选框组件的基本属性

属性名	类型	默认值	说明
value	String	—	radio 标识。当该单选框被选中时,radio-group 中的 change 事件会携带 radio 的 value
checked	Boolean	false	当前是否选中
disabled	Boolean	false	是否禁用
color	Color	—	设置 radio 的颜色,与 CSS 的 color 属性类似

实例 6-11 单选框组件的简单应用。
(1)radio.wxml 中的代码片段如下:

```
<view class="page">
    <view class="page__hd">
        <text class="page__title">radio</text>
        <text class="page__desc">单选框</text>
    </view>
    <view class="page__bd">
        <view class="section section_gap">
            <radio-group class="radio-group" bindchange="radioChange">
                <label class="radio" wx:for-items="{{items}}">
                    <radio value="{{item.name}}" checked="{{item.checked}}"/>{{item.value}}
                </label>
            </radio-group>
        </view>
    </view>
</view>
```

(2)radio.js 中的代码片段如下:

```
Page({
  data:{
    items:[
      {name:'USA', value:'美国'},
      {name:'CHN', value:'中国', checked:'true'},
      {name:'BRA', value:'巴西'},
      {name:'JPN', value:'日本'},
```

```
        {name：'ENG'，value：'英国'}，
        {name：'FRA'，value：'法国'}，
    ]
  },
  radioChange：function(e) {
    console. log(' radio 发生 change 事件,携带 value 值为：', e. detail. value)
  }
})
Radio. wxss
radio{
    display：block；
    margin-bottom：10px；
}
```

单选框组件的应用效果如图 6-13 所示。

图 6-13　单选框组件的应用效果

选中相应标签后,控制台显示界面如图 6-14 所示。

图 6-14　选中相应标签后的控制台显示界面

代码说明：radio.js 的 data 中设置了一个数组 items，用于记录选项的名称（name）、值（value）以及初始状态（checked），在 radio.wxml 中使用<radio-group>标签形成单选组，并在其内部使用<label>标签配合 wx:for 循环实现批量生成多个 radio 组件的效果。

为了达到监听目的，<radio-group>标签中添加了 bindchange 属性，其属性值 radioChange 为自定义函数名称，然后在 radio.js 中添加具体内容，每次被触发时都在 Console 控制台打印输出最新选中的值。

6.2.3.6 滑动选择器（slider）

滑动选择器的基本属性如表 6-19 所示。

表 6-19 滑动选择器的基本属性

属性名	类型	默认值	说明
min	Number	0	最小值
max	Number	100	最大值
step	Number	1	步长，取值必须大于 0，并且可被（max－min）整除
disabled	Boolean	false	是否禁用
value	Number	0	当前取值
color	Color	#e9e9e9	背景条的颜色（请使用 backgroundColor）
selected-color	Color	#1aad19	已选择的颜色（请使用 activeColor）
activeColor	Color	#1aad19	已选择的颜色
backgroundColor	Color	#e9e9e9	背景条的颜色
show-value	Boolean	false	是否显示当前 value
bindchange	EventHandle	—	完成一次拖动后触发的事件，event.detail＝{value：value}
bindchanging	EventHandle	—	拖动过程中触发的事件，event.detail＝{value：value}

注意：①canvas 标签默认宽度为 300 px，高度为 225 px。②同一页面中的 canvas-id 不可重复，如果使用一个已经出现过的 canvas-id，该 canvas 标签对应的画布将被隐藏并不再正常工作。

实例 6-12 滑动选择器的简单应用。

（1）slider.wxml 中的代码片段如下：

```
<view class="page">
    <view class="page__hd">
        <text class="page__title">slider</text>
        <text class="page__desc">滑块</text>
    </view>
```

```
< view class＝"page__bd">
    < view class＝"section section_gap">
        < text class＝"section__title">设置 step </text >
        < view class＝"body-view">
            < slider value＝"60" bindchange＝"slider2change" step＝"5"/>
        </view >
    </view >
    < view class＝"section section_gap">
        < text class＝"section__title">设置最小/最大值</text >
        < view class＝"body-view">
            < slider value＝"100" bindchange＝"slider4change" min＝"50"
max＝"200" show-value/>
        </view >
    </view >
</view >
</view >
```

（2）slider. js 中的代码片段如下：

```
varpageData＝{}
for( var i＝1；i＜5；＋＋i) {
  (function (index) {
    pageData[' slider $ {index}change ']＝function(e) {
      console. log(' slider $ {index}发生 change 事件,携带值为', e. detail. value)
    }
  })(i)；
}
```

滑动选择器的应用效果如图 6-15 所示。

图 6-15　滑动选择器的应用效果

代码说明:本实例在 slider. wxml 中定义了两个滑动选择器< slider >标签。value 属性定义了滑动选择器的取值,bindchange 属性定义了完成一次拖动后< slider >所要引发的事件。在 slider. js 中,通过 wx:for 循环控制五个具有相同功能的事件函数,即 slider1change( )～slider4change( )。它们能够在 Console 中输出其< slider >标签的值。因为在 slider. wxml 中只定义了 slider2change 与 slider4change,故本实例能够实现在 Console 中输出滑动选择器完成一次滑动后的值。

6.2.3.7　开关选择器(switch)

开关选择器的基本属性值如表 6-20 所示。

表 6-20　开关选择器的基本属性

属性名	类型	默认值	说明
checked	Boolean	false	是否选中
type	String	switch	样式,有效值为 switch 和 checkbox
bindchange	EventHandle	—	checked 改变时触发 change 事件,event. detail＝{value:checked}
color	Color	—	设置 switch 的颜色,与 CSS 的 color 属性类似

实例 6-13　开关选择器的简单应用。

(1)switch. wxml 中的代码片段如下:

```
< view class＝"page">
    < view class＝"page__hd">
        < text class＝"page__title"> switch </text >
        < text class＝"page__desc">开关</text >
    </view >
    < view class＝"page__bd">
        < view class＝"section section_gap">
            < view class＝"body-view">
                < switch checked = " {{switch1Checked}}" bindchange =
"switch1Change"/>
            </view >
        </view >
    </view >
</view >
```

(2)switch. js 中的代码片段如下:

```
varpageData＝{
    data:{
        switch1Checked:true,
```

```
        switch2Checked：false，
        switch1Style："，
        switch2Style：'text-decoration：line-through'
    }
}
for(var i＝1；i<＝2；＋＋i) {
    (function(index) {
pageData['switch${index}Change']＝function(e) {
        console.log('switch${index}发生 change 事件,携带值为', e.detail.value)
        var obj＝{}
        obj['switch${index}Checked']＝e.detail.value
        this.setData(obj)
        obj＝{}
        obj['switch${index}Style']＝e.detail.value? "：'text-decoration：line-
through'
        this.setData(obj)
    }
    })(i)
}
Page(pageData)
```

开关选择器的应用效果如图 6-16 所示。

图 6-16　开关选择器的应用效果

代码说明:本实例在 switch.wxml 中定义了开关选择器< switch >标签,并定义了两个属性,分别为 checked 属性与 bindchange 属性。checked 属性定义了开关选择器的选中状态,bindchange 属性定义了开关选择器选中状态改变时所引发的事件。本实例中 bindchange 属性被定义为 switch1Change。switch1Change( )函数的功能是在 Console 控制台中输出 files。因而,当开关选择器< switch >被选中时,可实现在 Console 控制台中输出 files 的功能。

6.2.4　导航组件(navigator)

navigator 用于单机跳转页面链接,该组件的基本属性如表 6-21 所示。

表 6-21　导航组件的基本属性

属性名	类型	默认值	说明
target	String	self	指定页面在哪个目标上发生跳转,默认当前小程序,可选值为 self 和 miniProgram
url	String	—	应用内的跳转链接
open-type	String	navigate	跳转方式
delta	Number	—	当 open-type 为 ' navigateBack ' 时有效,表示回退的层数
app-id	String	—	当 target＝"miniProgram"时有效,特指要打开的小程序的 AppID

open-type 属性的有效值如表 6-22 所示。

表 6-22　open-type 属性的有效值

有效值	说明
navigate	对应 wx. navigateTo 的功能
redirect	对应 wx. redirectTo 的功能
switchTab	对应 wx. switchTab 的功能
reLaunch	对应 wx. reLaunch 的功能
navigateBack	对应 wx. navigateBack 的功能
exit	退出小程序,target＝"miniProgram"时生效

注:navigator-hover 默认为{background-color:rgba(0,0,0,0.1); opacity:0.7;},< navigator/>的子节点背景色应为透明色。

实例 6-14　导航组件的简单应用。

(1)navigator. wxml 中的代码片段如下:

< view class＝"page">

```
< view class="page__hd">
    < text class="page__title"> navigator </text>
    < text class="page__desc">导航组件</text>
 </view>
  < view class="page__bd">
    < view class="btn-area">
        < navigator url="navigator1" hover-class="navigator-hover">
            < button type="default">跳转到新页面</button>
        </navigator>
         < navigator url="redirect" redirect hover-class="other-navigator-hover">
            < button type="default">在当前页打开</button>
        </navigator>
    </view>
  </view>
</view>
```

（2）redirect. wxml 中的代码片段如下：

```
< view class="page">
    < view class="page__hd">
        < text class="page__title">{{title}}</text>
        < text class="page__desc">这是当前页,点击左上角返回到上级菜单</text>
    </view>
</view>
```

（3）redirect. js 中的代码片段如下：

```
Page({
  onLoad：function (options) {
    console. log(options)
    this. setData({
      title：options. title
    })
  }
})
```

（4）navigator1. wxml 中的代码片段如下：

```
< view class="page">
    < view class="page__hd">
        < text class="page__title">{{title}}</text>
```

```
        <text class="page__desc">这是新建的页面,点击左上角返回到之前页面
</text>
    </view>
</view>
```

(5)navigator1.js中的代码片段如下:

```
Page({
    onLoad:function (options) {
        console.log(options)
        this.setData({
            title:options.title
        })
    }
})
```

导航组件的应用效果如图6-17所示。

图 6-17 导航组件的应用效果

代码说明:本实例共有3个页面,初始页面(navigator.wxml)、新页面(navigate1.wxml)和重定向页面(redirect.wxml)。初始页面中使用了两个< navigate >组件,分别用于打开 navigate.wxml 和 redirect.wxml。新页面打开的新内容可以返回初始页面,相当于在初始页面上又覆盖了一层新页面。重定向页面打开的内容是无法返回初始页面的,它直接替换掉了初始页面。

6.2.5　媒体组件

6.2.5.1　音频组件(audio)

音频组件用于播放本地或网络音频,其基本属性如表 6-23 所示。

表 6-23　音频组件的基本属性

属性名	类型	默认值	说明
id	String	—	audio 组件的唯一标识符
src	String	—	要播放音频的资源地址
loop	Boolean	false	是否循环播放
controls	Boolean	true	是否显示默认控件
poster	String	—	默认控件上的音频封面的图片资源地址。如果 controls 属性值为 false,则 poster 设置无效
name	String	未知音频	默认控件上的音频名字。如果 controls 属性值为 false,则 name 设置无效
author	String	未知作者	默认控件上的作者名字。如果 controls 属性值为 false,则 author 设置无效
binderror	EventHandle	—	当发生错误时触发 error 事件,detail = {errMsg: MediaError. code}
bindplay	EventHandle	—	当开始/继续播放时触发 play 事件
bindpause	EventHandle	—	当暂停播放时触发 pause 事件
bindtimeupdate	EventHandle	—	当播放进度改变时触发 timeupdate 事件,detail={currentTime, duration}
bindended	EventHandle	—	当播放到末尾时触发 ended 事件

binderror 属性触发后的返回错误码(MediaError. code)共有四种,如表 6-24 所示。

表 6-24　返回错误码

返回错误码	描述
MEDIA_ERR_ABORTED	获取资源被用户禁止
MEDIA_ERR_NETWORD	网络错误
MEDIA_ERR_DECODE	解码错误
MEDIA_ERR_SRC_NOT_SUPPOERTED	不合适资源

实例 6-15 音频组件的简单应用。

(1)audio. wxml 中的代码片段如下：

```
< view class="page">
< view class="page__hd">
< text class="page__title"> audio </text >
< text class="page__desc">音频</text >
</view >
< view class="page__bd">
< view class="section tc">
< view class='title'>播放网络音频</view >
< audio src = " http://5. 1015600. com/2014/ring/000/118/28b0e17cfab0136677
648b39cb8b7fbc. mp3" action = " {{ audioAction }}" bindplay = " audioPlayed "
controls > </audio >
  < button type="primary" bindtap="audioPlay">播放</button >
  < button type="primary" bindtap="audioPause">暂停</button >
  < button type = " primary" bindtap = " audio14 ">设置当前播放时间为 14
秒</button >
  < button type="primary" bindtap="audioStart">回到开头</button >
  </view >
  </view >
</view >
```

(2)audio. js 中的代码片段如下：

```
Page({
  data：{
    audioAction：{
      method：'pause'
    }
  },
  audioPlay：function（）{
    this. audioCtx. play()
  },
  audioPause：function（）{
    this. audioCtx. pause()
  },
  audio14：function（）{
    this. audioCtx. seek(14)
  },
  audioSeek：function（）{
```

```
      this.audioCtx.seek(0)
    }
})
```

音频组件的应用效果如图 6-18 所示。

图 6-18　音频组件的应用效果

代码说明：本实例中，audio.wxml 中放置了一个< audio >组件（网络音频）和四个 button 按钮，四个按钮分别控制音频的播放、暂停、设置当前播放时间为 14 秒、回到开头，对应的点击事件分别是 audioPlay、audioPause、audio14 和 audioSeek。

6.2.5.2　图片组件(image)

图片组件用于显示本地或网络图片，其默认宽度为 320 px、高度为 240 px，其基本属性如表 6-25 所示。

表 6-25　图片组件的基本属性

属性名	类型	默认值	说明
src	String	—	图片资源地址
mode	String	scaleToFill	图片裁剪、缩放的模式
binderror	HandleEvent	—	当错误发生时，发布到 AppService 的事件名，事件对象 event.detail = { errMsg: 'something wrong'}

续表

属性名	类型	默认值	说明
bindload	HandleEvent	—	当图片载入完毕时,发布到 AppService 的事件名,事件对象 event. detail＝{height:'图片高度 px', width:'图片宽度 px'}

图片组件的 mode 属性用于控制图片的裁剪、缩放。根据所填入的有效值不同,图片组件会形成 13 种模式,即 4 种缩放模式和 9 种裁剪模式。缩放模式和裁剪模式的有效值如表 6-26 所示。

表 6-26　缩放模式和裁剪模式的有效值

模式	有效值	说明
缩放模式	scaleToFill	不保持纵横比缩放图片,使图片的宽高完全拉伸至填满 image 元素
	aspectFit	保持纵横比缩放图片,使图片的长边能完全显示出来。也就是说,该模式可以完整地将图片显示出来
	aspectFill	保持纵横比缩放图片,只保证图片的短边能完全显示出来。也就是说,图片通常只在水平或垂直方向是完整的,另一个方向将会发生截取
	widthFix	宽度不变,高度自动变化,保持原图宽高比不变
裁剪模式	top	不缩放图片,只显示图片的顶部区域
	bottom	不缩放图片,只显示图片的底部区域
	center	不缩放图片,只显示图片的中间区域
	left	不缩放图片,只显示图片的左边区域
	right	不缩放图片,只显示图片的右边区域
	top left	不缩放图片,只显示图片的左上边区域
	top right	不缩放图片,只显示图片的右上边区域
	bottom left	不缩放图片,只显示图片的左下边区域
	bottom right	不缩放图片,只显示图片的右下边区域

实例 6-16　图片组件的简单应用。

(1)image. wxml 中的代码片段如下:

```
< view class＝"page">
< view class＝"page__hd">
< text class＝"page__title">image </text >
< text class＝"page__desc">图片</text >
```

```
</view>
< view class="page__bd">
< view class="section section_gap" wx:for="{{array}}" wx:for-item="item">
< view class="section__title">{{item. text}}</view>
< view class="section__ctn">
    < image style="width: 200px; height: 200px; background-color: #eeeeee;" mode="{{item. mode}}" 11. src="{{src}}"></image>
    </view>
    </view>
    </view>
</view>
```

(2)image. js 中的代码片段如下：

```
Page({
    data: {
        array: [{
            mode: 'scaleToFill',
            text: 'scaleToFill:不保持纵横比缩放图片,使图片完全适应'
        }, {
            mode: 'aspectFit',
            text: 'aspectFit:保持纵横比缩放图片,使图片的长边能完全显示出来'
        }, {
            mode: 'aspectFill',
            text: 'aspectFill:保持纵横比缩放图片,只保证图片的短边能完全显示出来'
        }],
        src: '../../resources/pic.jpg'
    },
    imageError: function (e) {
        console. log('image3 发生 error 事件,携带值为', e. detail. errMsg)
    }
})
```

图片组件的应用于效果如图 6-19 所示。

图 6-19　图片组件的应用效果

代码说明:本实例中,image.wxml 中使用了一个图片组件,并设置了组件的内联样式、mode 属性和 src 属性。其中,mode 属性中设置了三种缩放模式,分别为:①不保持纵横比缩放图片,使图片完全适应;②保持纵横比缩放图片,只保证图片的短边能完全显示出来。

6.2.5.3　视频组件(video)

视频组件用于播放本地或网络视频资源,其默认宽度为 300 px、高度为 225 px。视频的宽度和高度分别需要通过 .wxss 文件中的 width 和 height 设置。视频组件的基本属性如表 6-27 所示。

表 6-27　视频组件的基本属性

属性名	类型	默认值	说明	最低版本
src	String	—	要播放视频的资源地址	—
initial-time	Number	—	指定视频初始播放位置	1.6.0
duration	Number	—	指定视频时长	1.1.0
controls	Boolean	true	是否显示默认播放控件(播放/暂停按钮、播放进度、时间)	—
danmu-list	Array.<object>	—	弹幕列表	—

续表

属性名	类型	默认值	说明	最低版本
danmu-btn	Boolean	false	是否显示弹幕按钮,只在初始化时有效,不能动态变更	—
enable-danmu	Boolean	false	是否展示弹幕,只在初始化时有效,不能动态变更	—
autoplay	Boolean	false	是否自动播放	—
loop	Boolean	false	是否循环播放	1.4.0
muted	Boolean	false	是否静音播放	1.4.0
page-gesture	Boolean	false	在非全屏模式下,是否开启亮度与音量调节手势	1.6.0
direction	Number	—	设置全屏时视频的方向,不指定则根据宽高比自动判断。有效值为 0(正常竖向)、90(屏幕逆时针旋转 90°)和 −90(屏幕顺时针旋转 90°)	1.7.0
bindplay	EventHandle	—	当开始/继续播放时触发 play 事件	—
bindpause	EventHandle	—	当暂停播放时触发 pause 事件	—
bindended	EventHandle	—	当播放到末尾时触发 ended 事件	—
bindtimeupdate	EventHandle	—	播放进度变化时触发,event. detail＝{currentTime, duration}。触发频率为每 250 ms 触发一次	—
bindfull screen change	EventHandle	—	当视频进入和退出全屏时触发,event. detail＝{fullScreen, direction},direction 取为 vertical 或 horizontal	1.4.0
objectFit	String	contain	当视频大小与 video 容器大小不一致时,视频的表现形式。取值有三种,分别为 contain(表示包含)、fill(表示填充)、cover(表示覆盖)	—
poster	String	—	视频封面的图片网络资源地址。如果 controls 属性值为 false,则 poster 设置无效	—

注意:①Internet Explorer 9＋、Firefox、Opera、Chrome 以及 Safari 都支持＜video＞标签;②Internet Explorer 8 以及更早的版本不支持＜video＞标签。

实例 6-17　视频组件的简单应用。

(1)video. wxml 中的代码片段如下:

```
< view class＝"page">
< view class＝"page__hd">
< text class＝"page__title"> video </text >
< text class＝"page__desc">视频</text >
</view >
< view class＝"page__bd">
< view class＝"section tc">
< video  src ＝ " http://flv. bn. netease. com/videolib3/1605/22/auDfZ8781/HD/
auDfZ8781-mobile. mp4"   binderror＝"videoErrorCallback"></video >
</view >
< view class＝"section tc">
< video src＝"{{src}}"></video >
< view class＝"btn-area">
< button bindtap＝"bindButtonTap">获取视频</button >
</view >
</view >
</view >
</view >
```

（2）video. js 中的代码片段如下：

```
Page({
    data：{
      src：""
    },
    bindButtonTap：function（）{
      var that＝this;
      wx. chooseVideo({
        sourceType：['album', 'camera'],
        maxDuration：60,
        camera：['front', 'back'],
        success：function（res）{
          that. setData({
          src：res. tempFilePath
        })
        }
      })
    },
    videoErrorCallback：function（e）{
      console. log('视频错误信息:');
```

```
console. log(e. detail. errMsg);
        }
    })
```

视频组件的应用效果如图 6-20 所示。

图 6-20 视频组件的应用效果

代码说明:video. wxml 中使用了两个视频组件,第一个用于播放固定视频(即网址所在的视频),第二个使用 wx. chooseVideo( )方法从本机选择视频播放。

6.2.6 地图组件(map)

地图组件可以根据指定的中心经纬度使用腾讯地图显示对应地段,其基本属性如6-28所示。

表 6-28 地图组件的基本属性

属性名	类型	默认值	说明	最低版本
longitude	Number	—	中心经度	—
latitude	Number	—	中心纬度	—
scale	Number	16	缩放级别,取值范围为 5~18	—
markers	Array	—	标记点	—
covers	Array	—	即将移除,请使用 markers	—
polyline	Array	—	路线	—
circles	Array	—	圆	—

续表

属性名	类型	默认值	说明	最低版本
controls	Array	—	控件	—
include-points	Array	—	缩放视野以包含所有给定的坐标点	—
show-location	Boolean	—	显示带有方向的当前定位点	—
bindmarkertap	EventHandle	—	点击标记点时触发	—
bindcallouttap	EventHandle	—	点击标记点对应的气泡时触发	1.2.0
bindcontroltap	EventHandle	—	点击控件时触发	—
bindregionchange	EventHandle	—	视野发生变化时触发	—
bindtap	EventHandle	—	点击地图时触发	—

　　markers 属性表示标记点,用于在地图上显示标记的位置,其属性值是以数组的形式记录全部的标记点信息,每个数组元素用于显示其中一个标记点。markers 属性的子属性如表 6-29 所示。

表 6-29　markers 属性的子属性

属性名	说明	类型	必填	备注	最低版本
id	标记点 ID	Number	否	marker 点击事件回调会返回此 ID	—
latitude	纬度	Number	是	浮点数,范围为 $-90°\sim90°$	—
longitude	经度	Number	是	浮点数,范围为 $-180°\sim180°$	—
title	标注点名	String	否	—	
iconPath	显示的图标	String	是	项目目录下的图片路径,支持相对路径,也支持临时路径。以"/"开头则表示相对小程序根目录	
rotate	旋转角度	Number	否	顺时针旋转的角度,范围为 $0°\sim360°$,默认为 0°	—
alpha	标注的透明度	Number	否	默认1,无透明	—
width	标注图标宽度	Number	否	默认为图片实际宽度	—
height	标注图标高度	Number	否	默认为图片实际高度	—
callout	自定义标记点上方的气泡窗口	Object	否	{ content, color, fontSize, borderRadius, bgColor, padding, boxShadow, display}	1.2.0

续表

属性名	说明	类型	必填	备注	最低版本
label	在标记点旁边增加标签	Object	否	{color，fontSize，content，x，y}，可识别换行符，x，y 是标记点对应的经纬度	1.2.0
anchor	经纬度在标注图标的锚点，默认底边中点	Object	否	{x，y}，x 表示横向(0~1)，y 表示竖向(0~1)。{x：.5，y：1} 表示底边中点	1.2.0

callout 属性用于自定义标记点上方的气泡窗口，其子属性如表 6-30 所示。

表 6-30　markers 中 callout 属性的子属性值

属性名	说明	类型
content	文本	String
color	文本颜色	String
fontSize	文字大小	Number
borderRadius	callout 边框圆角	Number
bgColor	背景色	String
padding	文本边缘留白	Number
display	BYCLICK 表示点击显示，ALWAYS 表示常显	String

polyline 属性用于指定一系列坐标点，从数组第一项连线至最后一项，其子属性如表 6-31所示。

表 6-31　polyline 属性的子属性

属性名	说明	类型	是否必填	备注	最低版本
points	经纬度数组	Array	是	[{latitude：0，longitude：0}]	—
color	线的颜色	String	否	十六进制	—
width	线的宽度	Number	否	—	—
dottedLine	是否虚线	Boolean	否	默认值为 false	—
arrowLine	带箭头的线	Boolean	否	默认值为 false，开发者工具暂不支持该属性	1.2.0
arrowIconPath	更换箭头图标	String	否	在 arrowLine 为 true 时生效	1.6.0
borderColor	线的边框颜色	String	否	—	1.2.0
borderWidth	边框宽度	Number	否	—	1.2.0

polygon 属性用于指定一系列坐标点，根据 points 坐标数据生成闭合多边形，其子属性如表 6-32 所示。

表 6-32　polygon 属性的子属性

属性名	说明	类型	必填	备注	最低版本
points	经纬度数组	Array	是	[{latitude：0，longitude：0}]	2.3.0
strokeWidth	描边的宽度	Number	否	—	2.3.0
strokeColor	描边的颜色	String	否	十六进制	2.3.0
fillColor	填充颜色	String	否	十六进制	—
zIndex	设置多边形 z 轴数值	Number	否	—	2.3.0

circle 属性用于在地图上显示圆，其子属性如表 6-33 所示。

表 6-33　circle 属性的属性值

属性名	说明	类型	必填	备注
latitude	纬度	Number	是	浮点数，范围为 −90°～90°
longitude	经度	Number	是	浮点数，范围 −180°～180°
color	描边的颜色	String	否	十六进制
fillColor	填充颜色	String	否	十六进制
radius	半径	Number	是	—
strokeWidth	描边的宽度	Number	否	—

control 属性用于在地图上显示控件。若控件不随地图移动，则该控件将被废弃，请使用 cover-view 属性。control 的属性值如表 6-34 所示。

表 6-34　control 属性的子属性

属性名	说明	类型	必填	备注
id	控件 ID	Number	否	当控件点击事件回调时会返回此 ID
position	控件在地图上的位置	Object	是	控件相对地图位置
iconPath	显示的图标	String	是	项目目录下的图片路径，支持相对路径写法，也支持临时路径。以"/"开头则表示相对小程序根目录
clickable	是否可点击	Boolean	否	默认不可点击

position 属性用于描述控件在地图上的位置，其子属性如表 6-35 所示。

表 6-35　position 属性的子属性

属性名	说明	类型	必填	备注
left	距离地图的左边界多远	Number	否	默认为 0
top	距离地图的上边界多远	Number	否	默认为 0
width	控件宽度	Number	否	默认为图片宽度
height	控件高度	Number	否	默认为图片高度

bindregionchange 属性的子属性如表 6-36 所示。

表 6-36　bindregionchange 属性的子属性

属性名	说明	类型	备注
type	视野变化开始、结束时触发	String	视野变化开始为 begin,结束为 end
causedBy	导致视野变化的原因	String	拖动地图导致(drag)、缩放导致(scale)、调用接口导致(update)

实例 6-18　"迈步新征程"地图组件实现。

为迎接党的二十大,引导教职工与学生树立"坚定跟党走,建功新时代"信念,增强身体素质,特开发"迈步新征程"微信小程序作为"喜迎二十大,迈步新征程"健步走活动的平台,本平台收集用户"微信运动"数据,将其兑换成从学校(A 点)徒步至济南市解放阁(B 点)的距离,并通过绘制路径的方式将用户完成度在地图上展示出来。本案例主要实现地图主界面。

(1)map. wxml 中的代码片段如下:

```
< view style="width：100%；height：910rpx;">
  < map style="width：100%；height：100%;" scale="7" longitude="116.8455"
latitude="38.3102" enable-overlooking="false" polyline="{{polyline}}" markers
="{{points}}" bindcallouttap="toHistory" anchor="{x：0.5，y：0.5}">
    < cover-view slot="callout">
      < block wx:for="{{points}}" wx:key="">
        < cover-view style="background-color：{{item.bgc}}；color：{{item.
fontcolor}};" class="customCallout" marker-id="{{item.id}}">
          {{item.station}}
        </cover-view>
      </block>
    </cover-view>
  </map>
</view>
```

(2)map.js 核心代码如下:

//渲染地图

```
showmap() {
    return new Promise((resolve) => {
        let that = this
        //获取地图数据
        wx.request({
            url：app.globalData.domainName + '/getmap',
            method：'GET',
            success(res) {
                console.log("获取地图数据")
                console.log(res)
                if (res.statusCode == 200) {
                    //首先取数组列表中最后一个的 distance 作为总距离
                    app.globalData.totaldistance = res.data.userList[res.
data.userList.length -1].distance
                    console.log(app.globalData.totaldistance)
                    xy = res.data.userList
                    var customCallout = {
                        anchorY：0,
                        anchorX：0,
                        display：'ALWAYS'
                    }
                    for (var i = 0; i <
                    xy.length; i++) {
                        xy[i].width = "15"
                        xy[i].height = "15"
                        xy[i].customCallout = customCallout
                    }
                    var index = 0
                    var xy_ = xy
                    if (app.globalData.info_cz ! = null) {
                        var p = app.globalData.info_cz.info.location
                        for (var i = 0; i < xy_.length; i++) {
                            if (p == xy_[i].station) {
                                index = i + 1
                            }
                        }
                        for (var j = 0; j < index; j++) {
                            xy_[j].iconPath = '../../static/img/point_c.png'
                            xy_[j].bgc = "#C93B30"
```

```
                        xy_[j].fontcolor = '#FFFFFF'
                        cl[j-1] = "#B83F31"
                    }
                    that.setData({
                        arriveIndex：index,
                        points：xy_,
                        polyline：[{
                            points：xy_, //是一个数组形式的坐标点
```

[{lat,log}]

```
                            colorList：cl,
                            arrowLine：true, //是否带箭头
                            borderWidth：0, //线的边框宽度,还有
```

很多参数,请看文档

```
                            width：5
                        }]
                    })
                }
                resolve(1)
            } else {
                resolve(1)
                wx.showToast({
                    title:'地图数据获取失败 请稍后重试',
                    icon：' none ',
                    duration：3000
                })
            }
        },
        fail(res) {
            wx.showToast({
                title：'地图数据获取失败 请稍后重试',
                icon：' none ',
                duration：3000
            })
            resolve(1)
        }
    })

})
},
```

地图组件的应用效果如图 6-21 所示。

图 6-21　地图组件的应用效果

代码说明：本实例中，map.wxml 中声明了一个地图组件用于显示地图，map.js 的 data 中设置了所有地点的经纬度坐标和标记点信息。

6.2.7　画布组件(canvas)

画布组件的默认尺寸是宽度为 300 px，高度为 225 px，其基本属性如表 6-37 所示。

表 6-37　画布组件的基本属性

属性名	类型	默认值	说明
canvas-id	String	—	canvas 组件的唯一标识符
disable-scroll	Boolean	false	当在 canvas 中移动且有绑定手势事件时，禁止屏幕滚动以及下拉刷新
bindtouchstart	EventHandle	—	手指触摸动作开始
bindtouchmove	EventHandle	—	手指触摸后移动
bindtouchend	EventHandle	—	手指触摸动作结束

续表

属性名	类型	默认值	说明
bindtouchcancel	EventHandle	—	手指触摸动作被打断,如来电提醒、弹窗
bindlongtap	EventHandle	—	手指长按 500 ms 之后触发,触发了长按事件后进行移动不会触发屏幕的滚动
binderror	EventHandle	—	当发生错误时触发 error 事件,detail = {errMsg:' something wrong'}

实例 6-19 画布组件的简单应用。

(1)canvas. wxml 中的代码片段如下:

```
< canvas style = "width:300px;height:200px;" canvas-id = "firstCanvas"></canvas>
<!--当使用绝对定位时,文档流后边的 canvas 的显示层级高于前边的 canvas-->
< canvas style = "width:400px;height:500px;" canvas-id = "secondCanvas"></canvas>
<!--因为 canvas-id 与前一个 canvas 重复,该 canvas 不会显示,并会发送一个错误事件到 AppService -->
< canvas style = "width:400px;height:500px;" canvas-id = "secondCanvas" binderror = "canvasIdErrorCallback"></canvas>
```

(2)canvas. js 中的代码片段如下:

```
Page({
  canvasIdErrorCallback:function (e) {
    console. error(e. detail. errMsg)
  },
onReady:function (e) {
  //使用 wx. createContext 获取绘图上下文 context
  var context = wx. createCanvasContext(' firstCanvas ')
  context. setStrokeStyle("♯00ff00")
  context. setLineWidth(5)
  context. rect(0, 0, 200, 200)
  context. stroke( )
  context. setStrokeStyle("♯ff0000")
  context. setLineWidth(2)
  context. moveTo(160, 100)
  context. arc(100, 100, 60, 0, 2 * Math. PI, true)
  context. moveTo(140, 100)
  context. arc(100, 100, 40, 0, Math. PI, false)
  context. moveTo(85, 80)
```

```
context.arc(80，80，5，0，2 * Math.PI，true)
context.moveTo(125，80)
context.arc(120，80，5，0，2 * Math.PI，true)
context.stroke( )
context.draw( )
    }
})
```

画布组件的应用效果如图 6-22 所示。

图 6-22 画布组件的应用效果

代码说明：本实例使用了三个画布组件，并为其设置了 canvas-id 属性。因为第三个画布的 canvas-id 与第二个画布的重复，所以该画布不会显示，并会发送一个错误事件到 AppService。

6.2.8 客服会话按钮组件(contact-button)

contact-button 用于在页面上显示一个客服会话按钮，用户点击该按钮后会进入客服会话，其基本属性如表 6-38 所示。

表 6-38 客服会话按钮的基本属性

属性名	类型	默认值	说明
size	Number	18	会话按钮大小，有效值为 18～27，单位为 px
type	String	default-dark	会话按钮的样式类型
session-from	String	—	用户通过该按钮进入会话时，开发者将收到带有本参数的事件推送。本参数可用于区分用户进入客服会话的来源

type 属性的子属性如表 6-39 所示。

表 6-39　type **属性的有效值**

属性名	说明
default-dark	—
default-light	—

实例 6-20　客服会话按钮组件的简单应用。

客服会话按钮组件的代码如下：

```
< contact-button
  type＝"default-light"
  size＝"20"
  session-from＝"weapp">
</contact-button >
```

习　题

请描述 flex 布局及其兼容性。

实　践

请编写一个用户登录页面,提示用户输入用户名和密码进行登录。

第 7 章　微信小程序 API 常用案例(上)

本章主要介绍微信小程序的网络 API、文件 API 和数据缓存 API 的相关知识及其应用。

7.1　网络 API

微信小程序可以使用网络 API 和服务器进行通信,包括发起请求、中断请求、文件的上传和下载等。

7.1.1　小程序网络基础

7.1.1.1　小程序和服务器的通信原理

一个典型的小程序与服务器的通信架构如图 7-1 所示。人们基本上都认同小程序和服务器的通信架构为 C/S 架构,即客户端/服务器(Client/Server)架构。

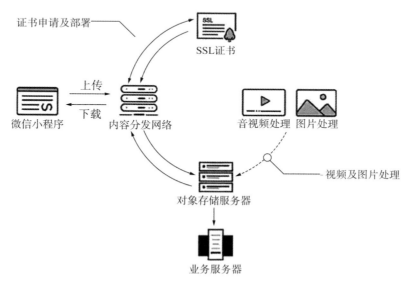

图 7-1　小程序与服务器的通信架构

由小程序向服务器发起网络请求时,要注意以下几点:

(1)默认超时时间和最大超时时间都是 60 s。

(2)request(请求)接口、uploadFile(上传)接口、downloadFile(下载)接口的最大并发限制是 10 个。

(3)网络请求的 referer header 不可设置,其格式固定。

(4)小程序进入后台运行后(非置顶聊天),如果 5 s 内网络请求没有结束,会回调错误信息,即 fail interrupted。在小程序回到前台之前,网络请求接口都会无法调用。

针对服务器端的返回值,小程序会自动对 BOM 头(UTF-8 编码文件的头部)进行过滤。建议服务器返回值使用 UTF-8 编码。对于非 UTF-8 编码,小程序会尝试进行转换,但是会有转换失败的可能。

只要成功接收到服务器返回,无论 statusCode(状态码)是多少,都会进入 success 回调,开发者需要根据业务逻辑对返回值进行判断。

7.1.1.2　JSON 的语法格式

小程序网络 API 在发起网络请求时使用 JSON 格式的文本进行数据交换。JSON 是一种轻量级的数据交换格式,采用完全独立于语言的文本格式,易于阅读和编写。但是,JSON 也使用了类似于 C 语言家族(包括 C、C++、C♯、Java、JavaScript、Perl、Python 等)的习惯,因此也易于机器解析和生成。这些特性使 JSON 成为理想的数据交换语言。

JSON 字符串通常有两种构建形式:

(1)"名称/值"对的集合。名称可以由开发者自定义,例如 studentID、username 等;值是自定义名称所对应的数据值,共有以下六种类型的取值:

①String:字符串,需要用引号括起来,如' hello '。

②Number:数值,如 1,2,3。

③Boolean:布尔值,如 true。

④Null:空值,如 null。

⑤Object:对象,如{username:' admin ', password:' 123456 '}。

⑥Array:数组,如[1,2,3,4,5]。

上述取值类型可以互相嵌套形成复合的值,代码如下:

```
detail:{
userinfo:{
        nickname:'张三',
        gender:1,
        city:Shanghai
        ......
      },
  ......
}
```

（2）值的有序列表。"名称/值"对的集合通常使用花括号来包含全部内容，格式如下：

$$
\begin{cases}
名称\,1:值\,1, \\
名称\,2:值\,2, \\
\cdots\cdots \\
名称\,N:值\,N
\end{cases}
$$

两种类型也可以嵌套使用，代码如下：

```
var users＝[
    {username：'zhangsan', password ：'123', city：jinan},
    {username：'lisi', password：'456', city：beijing},
    {username：'wangwu', password：'789', city：shanghai}
]
```

7.1.1.3 服务器域名配置

每一个小程序在与指定域名地址进行网络通信前都必须将该域名地址添加到管理员后台白名单中。

（1）配置流程：

①小程序开发者登录 mp. weixin. qq. com 进入管理员后台，选择"设置"→"开发设置"→"服务器域名"选项，添加或修改需要进行网络通信的服务器域名地址。

②开发者可以填入自己或第三方的服务器域名地址，但配置时需要注意：域名只支持 HTTPS（超文本传输安全协议）和 WSS（网络套接字安全协议）。域名不能使用 IP 地址或 localhost（本地主机），且必须经过 ICP（网络内容提供商）备案。出于安全考虑，api. weixin. qq. com 不能被配置为服务器域名，相关 API 也不能在小程序内调用。开发者应将 AppSecret 保存到后台服务器中，通过服务器使用 AppSecret 获取 Access_Token（访问令牌），并调用相关 API。每类接口最多可以配置 20 个域名。

③配置完成后，登录小程序开发工具就可以测试小程序与指定服务器域名地址之间的网络通信情况了。注意：每个月只可以申请修改五次。

（2）HTTPS 证书：需要注意的是，小程序必须使用 HTTPS 请求，普通的 HTTP 请求是不能用于正式环境的。判断 HTTPS 请求的依据是小程序对 HTTPS 证书的校验，如果校验失败，则请求不能成功发起。因此，如果开发者选择自己的服务器，就需要在服务器上自行安装 HTTPS 证书，选择第三方服务器则需要确保其 HTTPS 证书有效。小程序对证书的要求如下：

①HTTPS 证书必须有效。证书必须被系统信任，部署 SSL（Secure Sockets Layer，安全套接层协议）证书的网站域名必须与证书颁发的域名一致，证书必须在有效期内。

②iOS 不支持自签名证书。

③iOS 的证书必须满足苹果应用传输安全(App Transport Security,ATS)的要求。

④TLS(Transport Layer Security,安全传输层协议)必须支持 1.2 及以上版本。

⑤部分 CA(证书颁发机构)可能不被操作系统信任,因此在选择证书时要注意小程序和各系统的相关通告。

(3)域名校验:如果开发者暂时无法登记有效域名,可以在开发和测试环节暂时跳过域名校验。具体做法如下:在微信开发者工具中单击"详情"按钮,打开浮窗后选择"不校验请求域名"→"web-view"(业务域名)→"TLS 版本"→"HTTPS 证书"选项。

(4)服务器搭建:通常若开发者条件受限,可以在 PC 端部署临时服务器进行开发和测试。小程序对服务器端没有软件和语言的限制条件,用户可以根据自己的实际情况选择 Apache、Ngnix、Tomcat 等任意一款服务器软件进行安装部署,并选用 PHP、Node. js、Java 等任意一种语言进行后端开发。

结合前面章节讲授的 PHP 相关内容,我们可以采用 phpStudy pro 来搭建服务器开发环境,其界面如图 7-2 所示。

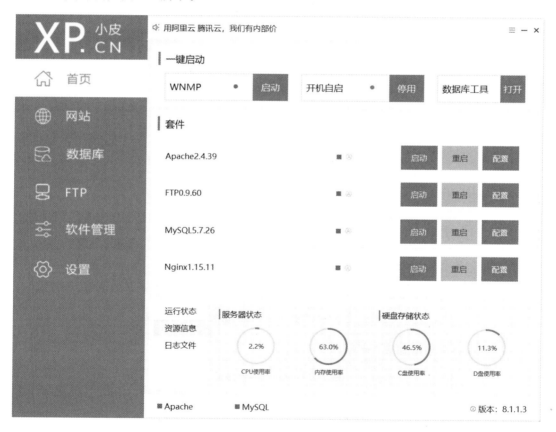

图 7-2　phpStudy pro 界面

7.1.2 请求的发起和中断

7.1.2.1 请求发起

wx.request(Object object)函数用于发起 HTTPS 网络请求,其参数说明如表 7-1 所示。

表 7-1　wx.request(Object object)的参数说明

参数	类型	默认值	必填	说明
url	String	—	是	开发者服务器接口地址
data	String、Object、ArrayBuffer	—	否	请求的参数
header	Object	—	否	用于设置请求的 header 类,不能设置 Referer。content-type 默认为 application/json
timeout	Number	—	否	超时时间,单位为 ms
method	String	GET	否	HTTP 请求方法
dataType	String	json	否	返回的数据格式
responseType	String	text	否	响应的数据类型
enableHttp2	Boolean	false	否	开启 HTTP2
enableQuic	Boolean	false	否	开启转载(quic)
enableCache	Boolean	false	否	开启缓存(cache)
success	Function	—	否	接口调用成功的回调函数
fail	Function	—	否	接口调用失败的回调函数
complete	Function	—	否	接口调用结束的回调函数(调用成功、失败都会执行)

method 的合法值如表 7-2 所示。

表 7-2　method 的合法值

合法值	说明
OPTIONS	HTTP 请求 OPTIONS
GET	HTTP 请求 GET
HEAD	HTTP 请求 HEAD
POST	HTTP 请求 POST
PUT	HTTP 请求 PUT

续表

合法值	说明
DELETE	HTTP 请求 DELETE
TRACE	HTTP 请求 TRACE
CONNECT	HTTP 请求 CONNECT

dataType 的合法值如表 7-3 所示。

表 7-3　dataType 的合法值

合法值	说明
json	返回的数据为 JSON,返回后会对返回的数据进行一次转换
其他	不对返回的内容进行转换

responseType 的合法值如表 7-4 所示。

表 7-4　responseType 的合法值

合法值	说明
text	响应的数据为文本
arraybuffer	响应的数据为 ArrayBuffer(类型化数组)

object. success 回调函数的返回参数说明如表 7-5 所示。

表 7-5　object. success 回调函数的返回参数说明

参数	类型	说明	最低版本
data	String、Object、ArrayBuffer	开发者服务器返回的数据	—
statusCode	Number	开发者服务器返回的 HTTP 状态码	—
header	Object	开发者服务器返回的 HTTP Response Header	1. 2. 0
cookies	Array. ＜string＞	开发者服务器返回的 cookies,格式为字符串数组	2. 10. 0
profile	Object	网络请求过程中的一些调试信息	2. 10. 4

wx. request(Object object object)函数的示例代码如下:

```
wx. request({
    url:'test. php', //仅为示例,并非真实的接口地址
    data：{
        x:",
        y:"
    },
```

```
header：{
    'content-type'：'application/json' // 默认值
},
success（res）{
    console. log(res. data)
}
})
```

7.1.2.2　请求中断

RequestTask 为网络请求任务对象。RequestTask. abort（ ）函数用于中断请求任务,基础库 1.4.0 版本才开始支持该功能,低版本需做兼容处理。RequestTask. abort（ ）函数的示例代码如下：

```
constrequestTask＝wx. request({
    url：'test. php', //仅为示例,并非真实的接口地址
    data：{
        x：'',
        y：''
    },
    header：{
        'content-type'：'application/json'
    },
    success（res）{
        console. log(res. data)
    }
})
requestTask. abort（ ）// 取消请求任务
```

7.1.3　文件的上传和下载

7.1.3.1　文件上传

wx. uploadFile(Object object)函数可以将本地资源上传到开发者服务器,如页面通过 wx. chooseImage（ ）等接口获取到一个本地资源的临时文件路径后,可通过此接口将本地资源上传到指定服务器。客户端发起一个 HTTPS POST 请求,其中 Content-Type 为 multipart/form-data。wx. uploadFile(Object object) 函数的参数说明如表 7-6 所示。

表 7-6　wx. uploadFile(Object object)函数的参数说明

参数	类型	必填	说明
url	String	是	开发者服务器 URL
filePath	String	是	要上传文件资源的路径
name	String	是	文件对应的 key(密钥),开发者在服务器端通过这个 key 可以获取到文件的二进制内容
header	Object	否	HTTP 请求的 Header,Header 中不能设置 Referer
formData	Object	否	HTTP 请求中其他额外的表格数据
success	Function	否	接口调用成功的回调函数
fail	Function	否	接口调用失败的回调函数
complete	Function	否	接口调用结束的回调函数(调用成功、失败都会执行)

object.success 回调函数的返回参数说明如表 7-7 所示。

表 7-7　object.success 回调函数的返回参数说明

参数	类型	说明
data	String	开发者服务器返回的数据
statusCode	Number	HTTP 状态码

wx. uploadFile(Object object)函数的示例代码如下:

```
wx. chooseImage({
  success:function(res){
    vartempFilePaths=res. tempFilePaths
    wx. uploadFile({
    url:' http://example. weixin. qq. com/upload', //仅为示例,非真实的接口地址
filePath: tempFilePaths[0],
      name:"file",
formData:{
        "user":"test"
    }
    success: function(res){
      var data=res. data
      //do something
    }
  })
  }
})
```

返回值:文件上传后将返回一个 uploadTask 对象,通过 uploadTask 可监听上传进度变化事件和取消上传任务。

uploadTask 对象的方法:

①uploadTask.abort( ):中断上传任务。

②uploadTask.onProgressUpdate(function callback):监听上传进度变化事件。

上传进度变化事件的 callback 函数(回调函数)的返回参数说明如表 7-8 所示。

表 7-8 上传进度变化事件的 callback 函数的返回参数说明

参数	类型	说明
progress	Number	上传进度百分比
totalBytesSent	Number	已经上传的数据长度,单位为 B
totalBytesExpectedToSend	Number	预期需要上传的数据总长度,单位为 B

文件上传的示例代码如下:

```
constuploadTask＝wx.uploadFile({
    url:'http://example.weixin.qq.com/upload', //仅为示例,非真实的接口地址
filePath:tempFilePaths[0],
    name:'file',
formData:{
        'user':'test'
    },
    success:function(res){
        var data＝res.data
        //do something
    }
})
uploadTask.onProgressUpdate((res)=>{
    console.log('上传进度',res.progress)
    console.log('已经上传的数据长度',res.totalBytesSent)
    console.log('预期需要上传的数据总长度',res.totalBytesExpectedToSend)
})
uploadTask.abort( ) // 取消上传任务
```

7.1.3.2 文件下载

wx.downloadFile(Object object)函数用于下载文件资源到本地。客户端直接发起一个 HTTP GET 请求,返回文件的本地临时路径。wx.downloadFile(Object object)函数的参数说明如表 7-9 所示。

表 7-9 wx. downloadFile(Object object)函数的参数说明

参数	类型	必填	说明	最低版本
URL	String	是	下载资源的 url	—
header	Object	否	HTTP 请求的 Header,Header 中不能设置 Referer	—
timeout	Number	否	超时时间,单位为 ms	2.10.0
filePath	String	否	指定文件下载后存储的路径(本地路径)	1.8.0
success	Function	否	接口调用成功的回调函数	—
fail	Function	否	接口调用失败的回调函数	—
complete	Function	否	接口调用结束的回调函数(调用成功、失败都会执行)	—

object. success 回调函数的返回参数说明如表 7-10 所示。

表 7-10 object. success 回调函数的返回参数说明

参数	类型	说明	最低版本
tempFilePath	String	临时文件路径(本地路径)。没传入 filePath 指定文件存储路径时会返回,下载后的文件会存储到一个临时文件中	—
filePath	String	用户文件路径(本地路径)。传入 filePath 时会返回,跟传入的 filePath 一致	—
statusCode	Number	开发者服务器返回的 HTTP 状态码	—
profile	Object	网络请求过程中的一些调试信息	2.10.4

返回值:若文件下载完,将返回一个 downloadTas 对象,通过 downloadTas 可监听下载进度变化事件和取消下载的对象。

downloadTask 对象的方法:

(1)downloadTask. abort( ):中断下载任务。

(2)downloadTask. onProgressUpdate(function callback):监听下载进度变化事件。

下载进度变化事件的 callback 函数的返回参数说明如表 7-11 所示。

表 7-11 下载进度变化事件的 callback 函数的返回参数说明

参数	类型	说明
progress	Number	下载进度百分比
totalBytesWritten	Number	已经下载的数据长度,单位为 B
totalBytesExpectedToWrite	Number	预期需要下载的数据总长度,单位为 B

wx. downloadFile(Object object)函数的示例代码如下:

wx. downloadFile({

url:'https://example.com/audio/123',//仅为示例,并非真实的资源

```
success（res）{
    //只要服务器有响应数据,就会把响应内容写入文件并进入 success 回调,业务
需要自行判断是否下载到了想要的内容
    if（res. statusCode ＝＝＝200）{
        wx. playVoice({
filePath：res. tempFilePath
        })
    }
  }
})
```

7.2 文件 API

小程序使用文件 API 对本地文件进行信息获取和添加、删除等常规操作。

7.2.1 保存文件

wx. saveFile(Object object)函数可将文件保存到本地。注意:保存文件时,小程序会移动临时文件,因此调用成功后传入的 tempFilePath 将不可用。wx. saveFile(Object object) 函数的参数说明如表 7-12 所示。

表 7-12　wx. saveFile(Object object) 函数的参数说明

参数	类型	必填	说明
tempFilePath	String	是	需要保存的文件的临时路径(本地路径)
success	Function	否	接口调用成功的回调函数
fail	Function	否	接口调用失败的回调函数
complete	Function	否	接口调用结束的回调函数(调用成功、失败都会执行)

object. success 回调函数的返回参数说明如表 7-13 所示。

表 7-13　object. success 回调函数的返回参数说明

参数	类型	说明
savedFilePath	Number	存储后的文件路径(本地路径)

wx. saveFile(Object object)函数的示例代码如下:

```
wx. chooseImage({
    success：function(res) {
```

```
consttempFilePaths＝res. tempFilePaths
wx. saveFile({
tempFilePath：tempFilePaths[0],
    success（res）{
        constsavedFilePath＝res. savedFilePath
    }
  })
 }
})
```

注意：本地文件存储的大小限制为 10 MB。

7.2.2　获取文件信息

（1）wx. getSavedFileInfo（Object　object）函数用于获取本地文件的信息。wx. getFileInfo( )接口只能用于获取已保存到本地的文件,若需要获取临时文件信息,请使用 wx. getFileInfo( ) 接口。wx. getSavedFileInfo（Object object） 函数的参数说明如表 7-14 所示。

表 7-14　wx. getSavedFileInfo（Object object）函数的参数说明

参数	类型	必填	说明
filePath	String	是	文件路径(本地路径)
success	Function	否	接口调用成功的回调函数
fail	Function	否	接口调用失败的回调函数
complete	Function	否	接口调用结束的回调函数(调用成功、失败都会执行)

object. success 回调函数的返回参数说明如表 7-15 所示。

表 7-15　object. success 回调函数的返回参数说明

参数	类型	说明
size	Number	文件大小,单位为 B
createTime	Number	文件保存时的时间戳,从 1970/01/01 08：00：00 到该时刻的秒数

（2）wx. getFileInfo（Object　object）函数用于获取临时文件信息,其参数说明如表7-16 所示。

表 7-16　wx. getFileInfo（Object object）函数的参数说明

参数	类型	默认值	必填	说明
filePath	String	—	是	本地文件路径(本地路径)
digestAlgorithm	String	md5	否	计算文件摘要的算法

续表

参数	类型	默认值	必填	说明
success	Function	—	否	接口调用成功的回调函数
fail	Function	—	否	接口调用失败的回调函数
complete	Function	—	否	接口调用结束的回调函数（调用成功、失败都会执行）

object. digestAlgorithm 的合法值如表 7-17 所示。

表 7-17　object. digestAlgorithm 的合法值

合法值	说明
md5	MD5 算法
sha1	SHA1 算法

object. success 回调函数的返回参数说明如表 7-18 所示。

表 7-18　object. success 回调函数的返回参数说明

参数	类型	说明
size	Number	文件大小，单位为 B
digest	String	按照传入的 digestAlgorithm 计算得出的文件摘要

wx. getFileInfo（Object object）函数的示例代码如下：

```
wx. getFileInfo（{
    success（res）{
        console. log（res. size）
        console. logcres. digest
    }
}）
```

7.2.3　获取本地缓存文件列表

wx. getSavedFileList（Object object）函数用于获取小程序下已保存的本地缓存文件列表，其参数说明如表 7-19 所示。

表 7-19　wx. getSavedFileList（Object object）函数的参数说明

参数	类型	必填	说明
success	Function	否	接口调用成功的回调函数
fail	Function	否	接口调用失败的回调函数
complete	Function	否	接口调用结束的回调函数（调用成功、失败都会执行）

object. success 回调函数的返回参数说明如表 7-20 所示。

表 7-20　object. success 回调函数的参数说明

参数	类型	说明
fileList	Array. < Object >	文件数组,每一项是一个 FileItem

res. fileList 的参数说明如表 7-21 所示。

表 7-21　res. fileList 的参数说明

参数	类型	说明
filePath	String	文件路径(本地路径)
size	Number	本地文件大小,单位为 B
createTime	Number	文件保存时的时间戳,从 1970/01/01 08:00:00 到当前时间的秒数

wx. getSavedFileList(Object object)函数的示例代码如下:

```
wx. getSavedFileList({
    success (res) {
        console. log(res. fileList)
    }
})
```

7.2.4　删除本地文件

wx. removeSavedFile(Object object)函数用于删除本地缓存文件,其参数说明如表 7-22 所示。

表 7-22　wx. removeSavedFile (Object object) 函数的参数说明

参数	类型	必填	说明
filePath	String	是	需要删除的文件路径(本地路径)
success	Function	否	接口调用成功的回调函数
fail	Function	否	接口调用失败的回调函数
complete	Function	否	接口调用结束的回调函数(调用成功、失败都会执行)

wx. removeSavedFile(Object object)函数的示例代码如下:

```
wx. getSavedFileList({
    success (res) {
        if (res. fileList. length > 0){
            wx. removeSavedFile({
filePath: res. fileList[0].filePath,
```

```
        complete（res）｛
            console. log(res)
        ｝
    ｝)
    ｝
｝
｝)
```

7.2.5 打开文件

wx. openDocument(Object object)函数用于打开本地缓存文件,其参数说明如表7-23所示。微信客户端 7.0.12 版之前的版本默认显示右上角菜单按钮,之后的版本默认不显示,若要显示需主动传入 showMenu( )函数。

表 7-23 wx. openDocument（Object object）函数的参数说明

参数	类型	默认值	必填	说明	最低版本
filePath	String	—	是	文件路径（本地路径）,可通过 downloadFile 获得	—
showMenu	Boolean	false	否	是否显示右上角菜单	2.11.0
fileType	String	—	否	文件类型	1.4.0
success	Function	—	否	接口调用成功的回调函数	—
fail	Function	—	否	接口调用失败的回调函数	—
complete	Function	—	否	接口调用结束的回调函数（调用成功、失败都会执行）	—

object. fileType 的合法值如表 7-24 所示。

表 7-24 object. fileType 的合法值

合法值	说明
doc	doc 格式
docx	docx 格式
xls	xls 格式
xlsx	xlsx 格式
ppt	ppt 格式
pptx	pptx 格式
pdf	pdf 格式

wx. openDocument(Object object)函数的示例代码如下：

```
wx. downloadFile({
    // url,并非真实存在
    url: 'http://example.com/somefile.pdf',
    success: function (res) {
        constfilePath=res. tempFilePath
        wx. openDocument({
filePath: filePath,
            success: function (res) {
                console. log('打开文档成功')
            }
        })
    }
})
```

7.3 数据缓存 API

每个微信小程序都可以有自己的本地缓存,可以通过 wx. setStorage（或 wx. setStorageSync）、wx. getStorage（或 wx. getStorageSync）和 wx. clearStorage（或 wx. clearStorageSync)对本地缓存进行设置、获取和清理。同一个微信用户,同一个小程序缓存上限为 10 MB。本地缓存以用户维度隔离,同一台设备上,A 用户无法读取到 B 用户的数据。

数据缓存 API 目前共有五类,分别为数据存储、获取、删除、清空以及存储信息获取。每一类均分为异步和同步两种函数写法。

(1)同步方法:顺序执行,上一个没执行完,下一个不会执行,所以缓存方法复杂时可能会导致界面卡顿。同步方法的特点如下:①代码简单,方便阅读,容易查错;②能直接返回函数。

(2)异步方法:用户界面不会出现停滞的情况,所以数据缓存流畅快速,不易卡顿。但是可能会出现异步执行同步,然后又嵌套异步或者同步的情况,导致回调事件很漫长。异步方法的特点如下:①代码复杂度高,不便阅读,不容易查错;②不能直接返回函数,需要同步通过回调方法来返回函数。

除非必要,尽量使用同步方法,特别是新手,建议使用同步方法。当垂直执行的方法复杂度比较高或者程序中存在需要解耦的情况时,可以使用异步方法。也就是说,在同步方法不能解决问题的前提下才使用异步方法。

7.3.1 存储数据到本地缓存中

（1）wx. setStorage(Object object)函数可将数据存储在本地缓存中指定的 key 中，其参数说明如表 7-25 所示。wx. setStorage(Object object)函数会覆盖掉 key 中原来的内容，这是一个异步接口。

表 7-25　wx. setStorage（Object object）函数的参数说明

参数	类型	必填	说明
key	String	是	本地缓存中指定的 key
data	Object、String	是	需要存储的内容
success	Function	否	接口调用成功的回调函数
fail	Function	否	接口调用失败的回调函数
complete	Function	否	接口调用结束的回调函数（调用成功、失败都会执行）

wx. setStorage(Object object)函数的示例代码如下：

```
wx. setStorage({
  key:"key"
  data:"value"
})
```

（2）wx. setStorageSync(key,data)函数可将数据存储在本地缓存中指定的 key 中，其参数说明如表 7-26 所示。wx. setStorageSync(key,data)函数会覆盖掉 key 中原来的内容，这是一个同步接口。

表 7-26　wx. setStorageSync(key,data)函数的参数说明

参数	类型	必填	说明
key	String	是	本地缓存中指定的 key
data	Object、String	是	需要存储的内容

wx. setStorageSync(key,data)的示例代码如下：

```
try {
  wx. setStorageSync("key","value")
} catch (e) {
}
```

7.3.2 获取缓存数据及信息

（1）wx. getStorage(Object object)函数可从本地缓存中异步获取指定 key 对应的内容，其参数说明如表 7-27 所示。

表 7-27　wx. getStorage(Object object)函数的参数说明

参数	类型	必填	说明
key	String	是	本地缓存中指定的 key
success	Function	是	接口调用成功的回调函数,res＝{data:key 对应的内容}
fail	Function	否	接口调用失败的回调函数
complete	Function	否	接口调用结束的回调函数(调用成功、失败都会执行)

object. success 回调函数的返回参数说明如表 7-28 所示。

表 7-28　object. success 回调函数的返回参数说明

参数	类型	说明
data	String	key 对应的内容

wx. getStorage(Object object)函数的示例代码如下:

```
wx. getStorage({
    key:'key',
    success: function(res){
        console. log(res. data)
    }
})
```

(2)wx. getStorageSync(key)函数用于从本地缓存中同步获取指定 key 对应的内容,其参数说明如表 7-29 所示。

表 7-29　wx. getStorageSync(key)函数的参数说明

参数	类型	必填	说明
key	String	是	本地缓存中指定的 key

wx. getStorageSync(key)函数的示例代码如下:

```
try {
    var value＝wx. getStorageSync('key')
    if (value) {
        // Do something with return value
    }
} catch (e) {
    // Do something when catch error
}
```

(3)wx. getStorageInfo(Object object)函数用于异步获取当前缓存的相关信息,其参数说明如表 7-30 所示。

表 7-30 wx.getStorageInfo(Object object)函数的参数说明

参数	类型	必填	说明
success	Function	是	接口调用成功的回调函数
fail	Function	否	接口调用失败的回调函数
complete	Function	否	接口调用结束的回调函数(调用成功、失败都会执行)

object.success 回调函数的返回参数说明如表 7-31 所示。

表 7-31 object.success 回调函数的返回参数说明

参数	类型	说明
keys	Array.< string >	当前缓存中所有的 key
currentSize	Number	当前占用的空间大小,单位为 KB
limitSize	Number	限制的空间大小,单位为 KB

异步获取当前缓存的相关信息的示例代码如下：

```
wx.getStorageInfo({
  success：function(res) {
    console.log(res.keys)
    console.log(res.currentSize)
    console.log(res.limitSize)
  }
})
```

(4)wx.getStorageInfoSync(Object object)函数用于同步获取当前缓存的相关信息，其示例代码如下：

```
try {
  var res＝wx.getStorageInfoSync( )
  console.log(res.keys)
  console.log(res.currentSize)
  console.log(res.limitSize)
} catch(e) {
  // Do something when catch error
}
```

7.3.3 删除缓存数据

(1)wx.removeStorage(Object object)函数用于从本地缓存中异步移除指定 key,其参数说明如表 7-32 所示。

表 7-32　wx. removeStorage (Object object)函数的参数说明

参数	类型	必填	说明
key	String	是	本地缓存中指定的 key
success	Function	是	接口调用成功的回调函数
fail	Function	否	接口调用失败的回调函数
complete	Function	否	接口调用结束的回调函数(调用成功、失败都会执行)

wx. removeStorage(Object object)函数的示例代码如下：

```
wx. removeStorage({
    key：'key',
    success：function(res) {
        console. log(res. data)
} })
```

(2)wx. removeStorageSync(key)函数用于从本地缓存中同步移除指定 key,其参数说明如表 7-33 所示。

表 7-33　wx. removeStorageSync (key)函数的参数说明

参数	类型	必填	说明
key	String	是	本地缓存中指定的 key

wx. removeStorageSync(key)函数的示例代码如下：

```
try {
    wx. removeStorageSync(' key')
} catch(e){
    // Do something when catch error
}
```

(3)wx. clearStorage( )函数用于清理本地缓存数据,其示例代码如下：

```
wx. clearStorage( )
try {
    wx. clearStorageSync( )
} catch(e) {
// Do something when catch error
}
```

第 8 章　微信小程序 API 常用案例(下)

本章将继续讲解小程序中的各种 API 的使用,主要包括媒体 API 和位置(地图)API 的相关知识及其应用。

8.1　媒体 API

8.1.1　图片管理

(1)wx. chooseImage(Object object)函数用于从本地相册选择图片或使用相机拍照,其参数说明如表 8-1 所示。

表 8-1　wx. chooseImage(Object object)函数的参数说明

参数	类型	默认值	必填	说明
count	Number	9	否	最多可以选择的图片张数
sizeType	Array. ＜string＞	['original', 'compressed']	否	所选的图片尺寸
sourceType	Array. ＜string＞	['album', 'camera']	否	选择图片的来源
success	Function	—	否	接口调用成功的回调函数
fail	Function	—	否	接口调用失败的回调函数
complete	Function	—	否	接口调用结束的回调函数(调用 成功、失败都会执行)

object. sizeType 的合法值如表 8-2 所示。

表 8-2　object. sizeType 的合法值

合法值	说明
original	原图
compressed	压缩图

object. sourceType 的合法值如表 8-3 所示。

表 8-3　object. sourceType 的合法值

合法值	说明
album	从相册选图
camera	使用相机拍照

object. success 回调函数的返回参数说明如表 8-4 所示。

表 8-4　object. success 回调函数的返回参数说明

参数	类型	说明	最低版本
tempFilePaths	Array. ＜ string ＞	图片的本地临时文件路径列表（本地路径）	—
tempFiles	Array. ＜ Object ＞	图片的本地临时文件列表	1. 2. 0

wx. chooseImage(Object object)函数的示例代码如下：

```
wx. chooseImage({
    count：1,
sizeType：[' original ', ' compressed '],
sourceType：[' album ', ' camera '],
    success（res）{
        //tempFilePath 可以作为 img 标签的 src 属性显示图片
        consttempFilePaths＝res. tempFilePaths
    }
})
```

（2）wx. previewImage(Object object)函数用于在新页面中全屏预览图片，其参数如表 8-5 所示。预览的过程中用户可以进行保存图片、将图片发送给朋友等操作。

表 8-5　wx. previewImage(Object object)函数的参数说明

参数	类型	默认值	必填	说明
urls	Array. ＜ string ＞	—	是	需要预览的图片链接列表。从 2.2.3 版本起支持云文件 ID
current	String	urls 的第一张	否	当前显示图片的链接
success	Function	—	否	接口调用成功的回调函数
fail	Function	—	否	接口调用失败的回调函数
complete	Function	—	否	接口调用结束的回调函数（调用成功、失败都会执行）

wx. previewImage(Object object)函数的示例代码如下：

```
wx. previewImage({
    current:"", // 当前显示图片的 http 链接
  urls：[] // 需要预览的图片 http 链接列表
})
```

（3）wx. getImageInfo（Object object）函数用于获取图片信息，其参数说明如表 8-6 所示。网络图片需先配置 Download 域名才能生效。

表 8-6　wx. getImageInfo（Object object）函数的参数说明

参数	类型	必填	说明
src	String	是	图片的路径，支持网络路径、本地路径、代码包路径
success	Function	否	接口调用成功的回调函数
fail	Function	否	接口调用失败的回调函数
complete	Function	否	接口调用结束的回调函数（调用成功、失败都会执行）

object. success 回调函数的返回参数说明如表 8-7 所示。

表 8-7　object. success 回调函数的返回参数说明

参数	类型	说明	最低版本
width	Number	图片原始宽度，单位为 px，不考虑旋转	—
height	Number	图片原始高度，单位为 px，不考虑旋转	—
path	String	图片的本地路径	—
orientation	String	拍照时设备方向	1.9.90
type	String	图片格式	1.9.90

res. orientation 的合法值如表 8-8 所示。

表 8-8　res. orientation 的合法值

合法值	说明
up	默认方向（手机横持拍照），对应 Exif（信息查看器）中的 1
up-mirrored	同 up，但镜像翻转，对应 Exif 中的 2
down	旋转 180°，对应 Exif 中的 3
down-mirrored	同 down，但镜像翻转，对应 Exif 中的 4
left	逆时针旋转 90°，对应 Exif 中的 8
left-mirrored	同 left，但镜像翻转，对应 Exif 中的 5
right	顺时针旋转 90°，对应 Exif 中的 6
right-mirrored	同 right，但镜像翻转，对应 Exif 中的 7

wx. getImageInfo（Object object）函数的示例代码如下：

```
wx. getImageInfo({
  src：'images/a.jpg',
  success（res）{
    console. log(res. width)
    console. log(res. height)
  }
})
wx. chooseImage({
  success（res）{
    wx. getImageInfo({
      src：res. tempFilePaths[0],
      success（res）{
        console. log(res. width)
        console. log(res. height)
      }
    })
  }
})
```

（4）wx. saveImageToPhotosAlbum（Object object）函数用于将图片保存到系统相册,基础库从 1.2.0 版本开始支持该功能,低版本需做兼容处理,调用前该函数需要用户授权 scope. writePhotosAlbum,其参数说明如表 8-9 所示。

表 8-9　wx. saveImageToPhotosAlbum（Object object）函数的参数说明

参数	类型	必填	说明
filePath	String	是	图片文件路径,可以是临时文件路径或永久文件路径（本地路径）,不支持网络路径
success	Function	否	接口调用成功的回调函数
fail	Function	否	接口调用失败的回调函数
complete	Function	否	接口调用结束的回调函数（调用成功、失败都会执行）

wx. saveImageToPhotosAlbum（Object object）函数的示例代码如下：

```
wx. saveImageToPhotosAlbum({
  success(res){ }
})
```

8.1.2　录音管理

微信小程序使用录音管理器进行录音相关的所有操作,RecorderManager 是全局唯

173

一的录音管理器,其常用方法如下:

(1)RecordManager. onError(function callback):监听录音错误事件。

(2)RecordManager. onFrameRecorded(function callback):监听已录制完指定帧大小的文件事件。如果设置了 frameSize,则会回调此事件。

(3)RecordManager. onInterruptionBegin(function callback):监听录音因为受到系统占用而被中断的开始事件。以下场景会触发此事件:微信语音聊天、微信视频聊天。此事件被触发后,录音会被暂停。pause 事件在此事件后触发。

(4)RecordManager. onInterruptionEnd(function callback):监听录音中断结束事件。在收到 interruptionBegin 事件之后,小程序内的所有录音会暂停,收到此事件之后才可再次录音成功。

(5)RecordManager. onPause(function callback):监听录音暂停事件。

(6)RecordManager. onResume(function callback):监听录音继续事件。

(7)RecordManager. onStart(function callback):监听录音开始事件。

(8)RecordManager. onStop(function callback):监听录音结束事件。

(9)RecordManager. pause( ):暂停录音。

(10)RecordManager. resume( ):继续录音。

(11)RecordManager. start(Object object):开始录音。

(12)RecordManager. stop( ):停止录音。

RecorderManager. start(Object object)函数的参数说明如表 8-10 所示。

表 8-10　RecorderManager. start(Object object)函数的参数说明

参数	类型	默认值	必填	说明
duration	Number	60 000	否	录音的时长,最大值为 60 0000(即 10 min),单位为 ms
sampleRate	Number	8000	否	采样率
numberOfChannels	Number	2	否	录音通道数
encodeBitRate	Number	48 000	否	编码码率
format	String	aac	否	音频格式
frameSize	Number	—	否	指定帧大小,单位为 KB。传入 frameSize 后,每录制指定帧大小的内容后,会回调录制的文件内容,不指定则不会回调。暂仅支持 mp3 格式
audioSource	String	auto	否	指定录音的音频输入源,可通过 wx. getAvailableAudioSources( )获取当前可用的音频源

object. sampleRate 的合法值如表 8-11 所示。

表 8-11　object. sampleRate 的合法值

合法值	说明
8000	采样率为 8000 Hz
11 025	采样率为 11 025 Hz
12 000	采样率为 12 000 Hz
16 000	采样率 16 000 Hz
22 050	采样率 22 050 Hz
24 000	采样率 24 000 Hz
32 000	采样率 32 000 Hz
44 100	采样率 44 100 Hz
48 000	采样率 48 000 Hz

object. format 的合法值如表 8-12 所示。

表 8-12　object. format 的合法值

合法值	说明
mp3	mp3 格式
aac	aac 格式
wav	wav 格式
pcm	pcm 格式

object. audioSource 的合法值如表 8-13 所示。

表 8-13　object. audioSource 的合法值

合法值	说明
auto	自动设置,默认使用手机麦克风,插上耳麦后自动切换使用耳机麦克风,所有平台都适用
buildInMic	手机麦克风,仅限 iOS
headsetMic	耳机麦克风,仅限 iOS
mic	麦克风(没插耳麦时是手机麦克风,插耳麦时是耳机麦克风),仅限 Android
camcorder	同 mic,适用于录制音视频内容,仅限 Android
voice_communication	同 mic,适用于实时沟通,仅限 Android
voice_recognition	同 mic,适用于语音识别,仅限 Android

　　每种采样率均有对应的编码码率范围有效值,设置不合法的采样率或编码码率会导致录音失败,具体对应关系如表 8-14 所示。

表 8-14　采样率与编码码率的对应关系

采样率/Hz	编码码率/bps
8000	16 000 ～ 48 000
11 025	16 000 ～ 48 000
12 000	24 000 ～ 64 000
16 000	24 000 ～ 96 000
22 050	32 000 ～ 128 000
24 000	32 000 ～ 128 000
32 000	48 000 ～ 192 000
44 100	64 000 ～ 320 000
48 000	64 000 ～ 320 000

RecorderManager. start（Object object）函数的示例代码如下：

```
constrecorderManager＝wx. getRecorderManager（ ）
recorderManager. onStart（（ ）＝>{
    console. log（' recorder start '）
}）
recorderManager. onPause（（ ）＝>{
    console. log（' recorder pause '）
}）
recorderManager. onStop（（res）＝>{
    console. log（' recorder stop '，res）
    const｛tempFilePath｝＝res
}）
recorderManager. onFrameRecorded（（res）＝>{
    const｛frameBuffer｝＝res
    console. log（' frameBuffer. byteLength '，frameBuffer. byteLength）
}）
const options＝{
    duration：10000，
sampleRate：44100，
numberOfChannels：1，
encodeBitRate：192000，
    format：' aac '，
frameSize：50
}

recorderManager. start（options）
```

8.1.3　音频管理

（1）wx. getBackgroundAudioManager( )函数用于获取全局唯一的背景音频管理器。微信小程序切入后台时,如果音频处于播放状态,可以继续播放。但是,后台状态不能通过调用 API 操纵音频的播放状态。

从微信客户端 6.7.2 版本开始,若需要在微信小程序切入后台后继续播放音频,需要在 app. json 中配置 requiredBackgroundModes 属性。开发版和体验版上可以直接生效,正式版还需通过审核。

BackgroundAudioManager 实例的对象属性如表 8-15 所示。

表 8-15　BackgroundAudioManager 实例的对象属性

属性	类型	说明	只读
duration	Number	当前音频的长度（单位为 s）,只有在当前有合法的 src 时返回	是
currentTime	Number	当前音频的播放位置,只有在当前有合法的 src 时返回	是
paused	Boolean	当前是否处于暂停或停止状态,true 表示暂停或停止,false 表示正在播放	是
src	String	音频的数据源,默认为空字符串,当设置了新的 src 时,会自动开始播放。目前支持的格式有 m4a、aac、mp3 和 wav	否
startTime	Number	音频开始播放的位置	否
buffered	Number	音频缓冲的时间点,仅保证当前播放时间点到此时间点内容已缓冲	是
title	String	音频标题,用作原生音频播放器音频标题。当原生音频播放器中具有分享功能时,分享出去的卡片标题,也将使用该属性值	否
epname	String	专辑名。当原生音频播放器具有分享功能时,分享出去的卡片简介中也将包含该属性值	否
singer	String	歌手名。当原生音频播放器具有分享功能时,分享出去的卡片简介中也将包含该属性值	否
coverImgUrl	String	封面图 url,用作原生音频播放器背景图。当原生音频播放器具有分享功能时,分享出去的卡片配图及背景也将使用该图	否

续表

属性	类型	说明	只读
webUrl	String	页面链接。当原生音频播放器具有分享功能时,分享出去的卡片简介也将使用该属性值	否
protocol	String	音频协议。默认值为 http,设置 hls 可以支持播放 HLS 协议的直播音频	否

BackgroundAudioManager 实例的对象方法如表 8-16 所示。

表 8-16　BackgroundAudioManager 实例的对象方法

方法	参数	说明
play	—	播放
pause	—	暂停
stop	—	停止
seek	position	跳转到指定位置,单位为 s
onCanplay	callback	背景音频进入可以播放状态,但不保证后面可以流畅播放
onPlay	callback	背景音频播放事件
onPause	callback	背景音频暂停事件
onStop	callback	背景音频停止事件
onEnded	callback	背景音频自然播放结束事件
onTimeUpdate	callback	背景音频播放进度更新事件
onPrev	callback	用户在系统音乐播放面板点击上一曲事件(仅 iOS 支持)
onNext	callback	用户在系统音乐播放面板点击下一曲事件(仅 iOS 支持)
onError	callback	背景音频播放错误事件,返回 errCode
onWaiting	callback	音频加载中事件,当音频因为数据不足需要停下来加载时会触发

wx. getBackgroundAudioManager( )函数的示例代码如下:

```
const backgroundAudioManager＝wx. getBackgroundAudioManager( )
bgAudioManager. title＝' That Girl '
bgAudioManager. epname＝' 24 HRS '
bgAudioManager. singer＝' Olly Murs(奥利·莫尔斯)'
bgAudioManager. coverImgUrl＝' http://dict/images/ollymurs.jpg '
bgAudioManager. src＝' http://dict/music/thatgirl. mp3 ' // 设置了 src 之后会自动播放
```

(2)wx. createInnerAudioContext( )函数用于创建内部 audio 上下文 InnerAudioContext 对

象。基础库从 1.6.0 版本开始支持该功能,低版本需做兼容处理。

InnerAudioContext 实例的对象属性如表 8-17 所示。

表 8-17　InnerAudioContext 实例的对象属性

属性	类型	说明	只读
src	String	音频的数据链接,用于直接播放	否
startTime	Number	开始播放的位置(单位为 s),默认 0	否
autoplay	Boolean	是否自动开始播放,默认 false	否
loop	Boolean	是否循环播放,默认 false	否
obeyMuteSwitch	Boolean	是否遵循系统静音开关。当此参数为 false 时,即使用户打开了静音开关,也能继续发出声音,默认值 true	否
duration	Number	当前音频的长度(单位为 s),只有在当前有合法的 src 时返回	是
currentTime	Number	当前音频的播放位置(单位为 s),只有在当前有合法的 src 时返回。时间不取整,保留小数点后 6 位	是
paused	Boolean	当前是否处于暂停或停止状态,true 表示暂停或停止,false 表示正在播放	是
buffered	Number	音频缓冲的时间点,仅保证当前播放时间点到此时间点内容已缓冲	是
volume	Number	音量,范围为 0～1	否

InnerAudioContext 实例的对象方法如表 8-18 所示。

表 8-18　InnerAudioContext 实例的对象方法

方法	参数	说明
play	—	播放
pause	—	暂停
stop	—	停止
seek	position	跳转到指定位置,单位为 s
destroy	—	销毁当前实例
onCanplay	callback	音频进入可以播放状态,但不保证后面可以流畅播放
onPlay	callback	音频播放事件
onPause	callback	音频暂停事件
onStop	callback	音频停止事件
onEnded	callback	音频自然播放结束事件
onTimeUpdate	callback	音频播放进度更新事件

续表

方法	参数	说明
onError	callback	音频播放错误事件
onWaiting	callback	音频加载中事件,当音频因为数据不足,需要停下来加载时会触发
onSeeking	callback	音频进行 seek 操作事件
onSeeked	callback	音频完成 seek 操作事件
offCanplay	callback	取消监听 onCanplay 事件
offPlay	callback	取消监听 onPlay 事件
offPause	callback	取消监听 onPause 事件
offStop	callback	取消监听 onStop 事件
offEnded	callback	取消监听 onEnded 事件
offTimeUpdate	callback	取消监听 onTimeUpdate 事件
offError	callback	取消监听 onError 事件,并返回 errCode
offWaiting	callback	取消监听 onWaiting 事件
offSeeking	callback	取消监听 onSeeking 事件
offSeeked	callback	取消监听 onSeeked 事件

wx. InnerAudioContext 的支持格式如表 8-18 所示。

表 8-19 wx. InnerAudioContext 的支持格式

格式	iOS	Android
flac	×	√
m4a	√	√
ogg	×	√
ape	×	√
amr	×	√
wma	×	√
wav	√	√
mp3	√	√
mp4	×	√
aac	√	√
aiff	√	×
caf	√	×

wx. createInnerAudioContext( )函数的示例代码如下:

constinnerAudioContext＝wx. createInnerAudioContext( )
innerAudioContext. autoplay＝true
innerAudioContext. src='http://dict/music/thatgirl. mp3'
innerAudioContext. onPlay(( )＝>{
　console. log('开始播放')
})
innerAudioContext. onError((res)＝>{
　console. log(res. errMsg)
　console. log(res. errCode)
})

8.1.4　视频管理

(1)wx. chooseVideo(Object object)函数用于拍摄视频或从手机相册中选择视频,其参数说明如表 8-20 所示。

表 8-20　wx. chooseVideo (Object object)函数的参数说明

参数	类型	默认值	必填	说明
sourceType	Array. ＜string＞	['album', 'camera']	否	视频的来源
compressed	Boolean	true	否	是否压缩所选择的视频文件
maxDuration	Number	60	否	视频最长拍摄时间,单位为 s
camera	String	back	否	默认拉起的是前置或者后置摄像头。部分 Android 手机由于系统 ROM(只读存储器)不支持而无法生效
success	Function	—	否	接口调用成功的回调函数
fail	Function	—	否	接口调用失败的回调函数
complete	Function	—	否	接口调用结束的回调函数(调用成功、失败都会执行)

object. sourceType 的合法值如表 8-21 所示。

表 8-21　object. sourceType 的合法值

合法值	说明
album	从相册中选择视频
camera	使用相机拍摄视频

object. camera 的合法值如表 8-22 所示。

表 8-22　object. camera 的合法值

合法值	说明
back	默认拉起后置摄像头
front	默认拉起前置摄像头

object. success 回调函数的返回参数说明如表 8-23 所示。

表 8-23　object. success 回调函数的返回参数说明

参数	类型	说明
tempFilePath	String	选定视频的临时文件路径(本地路径)
duration	Number	选定视频的时间长度
size	Number	选定视频的数据量大小
height	Number	选定视频的高度
width	Number	选定视频的宽度

wx. chooseVideo(Object object) 函数的示例代码如下：

```
wx. chooseVideo({
sourceType：['album','camera'],
maxDuration：60,
    camera：'back',
    success(res) {
        console. log(res. tempFilePath)
    }
})
```

(2)wx. saveVideoToPhotosAlbum(Object object)函数用于将视频保存到系统相册，支持 mp4 视频格式，基础库从 1. 2. 0 版本才开始支持该函数，低版本需做兼容处理，调用该函数前需要用户授权 scope. writePhotosAlbum。wx. saveVideoToPhotosAlbum(Object object)函数的参数说明如表 8-24 所示。

表 8-24　wx. saveVideoToPhotosAlbum (Object object)函数的参数说明

参数	类型	必填	说明
filePath	String	是	视频文件路径,可以是临时文件路径,也可以是永久文件路径(本地路径)
success	Function	否	接口调用成功的回调函数
fail	Function	否	接口调用失败的回调函数
complete	Function	否	接口调用结束的回调函数(调用成功、失败都会执行)

wx. saveVideoToPhotosAlbum(Object object)函数的示例代码如下：

```
wx. saveVideoToPhotosAlbum({
filePath：' wxfile：//xxx',
  success（res）{
    console. log(res. errMsg)
  }
})
```

（3）wx. createVideoContext(String id，Object this)函数用于创建 video 上下文的 VideoContext 对象。VideoContext 通过 ID 与一个 video 组件绑定，进而操作对应的 video 组件。VideoContext 实例的方法说明如表 8-25 所示。

表 8-25　VideoContext 实例的方法说明

方法	参数	说明
play	—	播放
pause	—	暂停
seek	position	跳转到指定位置，单位为 s
sendDanmu	danmu	发送弹幕，danmu 包含两个属性，分别为 text 和 color
playbackRate	rate	设置倍速播放，支持的倍率有 0.5、0.8、1.0、1.25 和 1.5
requestFullScreen	—	进入全屏，可传入{direction}参数(1.7.0 版本起支持)，详见 video 组件
exitFullScreen	—	退出全屏

wx. createVideoContext(String id，Object this)函数的示例代码如下：

```
< view class＝"section tc">
  < video id ＝ " myVideo" src ＝ " http：//dict/videos/test. mp4" rel ＝ " external
nofollow"　enable-danmu danmu-btn controls ></video >
  < view class＝"btn-area">
    < inputbindblur＝"bindInputBlur"/>
    < buttonbindtap＝"bindSendDanmu">发送弹幕</button >
  </view >
</view >
functiongetRandomColor（ ） {
  letrgb＝[]
  for (let i＝0；i < 3；＋＋i) {
    let color＝Math. floor(Math. random（ ） ＊ 256). toString(16)
    color＝color. length ＝＝1 ? '0'＋color：color
rgb. push(color)
  }
```

```
    return '#' + rgb. join(")
}
Page({
onReady（res）{
    this. videoContext＝wx. createVideoContext(' myVideo')
  },
inputValue：",
bindInputBlur（e）{
    this. inputValue＝e. detail. value
  },
bindSendDanmu（）{
    this. videoContext. sendDanmu({
      text：this. inputValue,
      color：getRandomColor（）
    })
  }
})
```

8.1.5 相机管理

（1）wx. createCameraContext（）函数用于创建 cameraContext 对象。cameraContext 与页面内唯一的 camera 组件绑定,进而操作对应的 camera 组件。注意：一个页面只能有一个 camera 组件。cameraContext 对象的方法说明如表 8-26 所示。

表 8-26　cameraContext 对象的方法说明

方法	参数	说明
takePhoto	Object	拍照,可指定质量,成功则返回图片
startRecord	Object	开始录像
stopRecord	Object	结束录像,成功则返回封面与视频

takePhoto 的 Object 参数说明如表 8-27 所示。

表 8-27　takePhoto 的 Object 参数说明

参数	类型	必填	说明
quality	String	否	成像质量,值为 high、normal 和 low,默认 normal
success	Function	否	接口调用成功的回调函数,res＝{tempImagePath}
fail	Function	否	接口调用失败的回调函数
complete	Function	否	接口调用结束的回调函数（调用成功与否都会执行）

184

startRecord 的 Object 参数说明如表 8-28 所示。

表 8-28　startRecord 的 Object 参数说明

属性	类型	必填	说明
timeoutCallback	Function	否	超过 30 s 或页面 onHide 时会结束录像
success	Function	否	接口调用成功的回调函数
fail	Function	否	接口调用失败的回调函数
complete	Function	否	接口调用结束的回调函数(调用成功与否都会执行)

stopRecord 的 Object 参数说明如表 8-29 所示。

表 8-29　stopRecord 的 Object 参数说明

属性	类型	默认值	必填	说明
compressed	Boolean	false	否	启动视频压缩,压缩效果同 chooseVideo 一致
success	Function	—	否	接口调用成功的回调函数
fail	Function	—	否	接口调用失败的回调函数
complete	Function	—	否	接口调用结束的回调函数(调用成功、失败都会执行)

8.2　位置 API

经纬度是经度与纬度组成的一个坐标系统,称为地理坐标系统。地理坐标系统是一种利用三度空间的球面来定义地球上的空间的球面坐标系统,能够标示地球上的任何一个位置,其中的经线和纬线都是人类为度量方便自定义的辅助线。经线又称为子午线,是连接地球南北两极的半圆弧,指示南北方向;纬线为地球表面某点随地球自转形成的轨迹,每两根纬线之间均为两两平行的圆形,指示东西方向。

由于测量工作都需要有一个特定的坐标系作为基准,因此国内外都有各自的测量基准和坐标系。小程序使用的坐标系有两种,分别为 WGS-84 坐标系和 GCJ-02 坐标系。需要注意的是,微信小程序内置的腾讯地图仅支持 GCJ02 坐标系,必要时可以使用这个坐标系进行坐标转化。

8.2.1　位置 API 的应用

(1)wx. getLocation(Object object)函数用于获取当前的地理位置、速度,其参数说明如表 8-30 所示。当用户离开小程序后,此接口无法调用。当用户点击"显示在聊天顶部"时,此接口可继续调用。

表 8-30 wx. getLocation(Object object)函数的参数说明

参数	类型	必填	说明
type	String	否	默认为"wgs84",返回 GPS 坐标。"gcj02"返回可用于 wx. openLocation 的坐标
success	Function	是	接口调用成功的回调函数
fail	Function	否	接口调用失败的回调函数
complete	Function	否	接口调用结束的回调函数(调用成功、失败都会执行)

object. success 回调函数的返回参数说明如表 8-31 所示。

表 8-31 object. success 回调函数的返回参数说明

参数	说明
latitude	纬度,浮点数,范围为 $-90°\sim90°$,负数表示南纬
longitude	经度,浮点数,范围为 $-180°\sim180°$,负数表示西经
speed	速度,浮点数,单位为 m/s
accuracy	位置的精确度
altitude	高度,单位为 m
verticalAccuracy	垂直精度,单位为 m(Android 无法获取,返回 0)
horizontalAccuracy	水平精度,单位为 m

wx. getLocation(Object object)函数的示例代码如下:

```
wx. getLocation({
    type: 'wgs84',
    success: function(res) {
        var latitude=res. latitude
        var longitude=res. longitude
        var speed=res. speed
        var accuracy=res. accuracy
    }
})
```

(2)wx. chooseLocation(Object object)函数用于打开地图选择位置,需要用户授权 scope. userLocation,其参数说明如表 8-32 所示。

表 8-32 wx. chooseLocation (Object object)函数的参数说明

参数	类型	必填	说明
success	Function	是	接口调用成功的回调函数
cancel	Function	否	用户取消时调用
fail	Function	否	接口调用失败的回调函数
complete	Function	否	接口调用结束的回调函数(调用成功、失败都会执行)

object. success 回调函数的返回参数说明如表 8-33 所示。

表 8-33 object. success 回调函数的返回参数说明

参数	说明
name	位置名称
address	详细地址
latitude	纬度,浮点数,范围为 −90°～90°,负数表示南纬
longitude	经度,浮点数,范围为 −180°～180°,负数表示西经

(3)wx. openLocation(Object object)函数用于使用微信内置地图查看位置,需要用户授权 scope. userLocation,其参数说明如表 8-34 所示。

表 8-34 wx. openLocation (Object object)函数的参数说明

参数	类型	必填	说明
latitude	Float	是	纬度,范围为 −90°～90°,负数表示南纬
longitude	Float	是	经度,范围为 −180°～180°,负数表示西经
scale	INT	否	缩放比例,范围 5～18,默认为 18
name	String	否	位置名
address	String	否	地址的详细说明
success	Function	否	接口调用成功的回调函数
fail	Function	否	接口调用失败的回调函数
complete	Function	否	接口调用结束的回调函数(调用成功、失败都会执行)

wx. openLocation(Object object)函数的示例代码如下:

```
wx. getLocation({
    type：'gcj02', //返回可以用于 wx. openLocation 的经纬度
    success：function(res) {
        var latitude＝res. latitude
        var longitude＝res. longitude
        wx. openLocation({
```

```
          latitude：latitude，
          longitude：longitude，
          scale：28
        })
      }
    })
```

8.2.2 地图组件控制

wx. createMapContext(mapId)函数用于创建并返回 map 上下文的 mapContext 对象。在自定义组件下,第二个参数传入组件实例 this,以操作组件内的< map/>组件。

mapContext 通过 mapId 与一个< map/>组件绑定,通过 mapId 可以操作对应的 < map/>组件。mapContext 对象的方法说明如表 8-35 所示。

表 8-35 mapContext 对象的方法说明

方法	参数	说明
getCenterLocation	Object	获取当前地图中心的经纬度,返回的是 GCJ-02 坐标系,可以用于 wx. openLocation
moveToLocation	无	将地图中心移动到当前定位点,需要配合< map/>组件的 show-location 使用
translateMarker	Object	平移 marker,带动画
includePoints	Object	缩放视野展示所有经纬度
getRegion	Object	获取当前地图的视野范围
getScale	Object	获取当前地图的缩放级别

getCenterLocation 的参数说明如表 8-36 所示。

表 8-36 getCenterLocation 的参数说明

参数	类型	必填	说明
success	Function	否	接口调用成功的回调函数,res ＝ { longitude： "经度"， latitude： "纬度"}
fail	Function	否	接口调用失败的回调函数
complete	Function	否	接口调用结束的回调函数(调用成功、失败都会执行)

translateMarker 的参数如表 8-37 所示。

表 8-37　translateMarker 的参数说明

参数	类型	必填	说明
markerId	Number	是	指定 marker
destination	Object	是	指定 marker 移动到的目标点
autoRotate	Boolean	是	移动过程中是否自动旋转 marker
rotate	Number	是	marker 的旋转角度
duration	Number	否	动画持续时长,默认值 1000 ms,平移与旋转分别计算
animationEnd	Function	否	动画结束回调函数
fail	Function	否	接口调用失败的回调函数

includePoints 的参数说明如表 8-38 所示。

表 8-38　includePoints 的参数说明

参数	类型	必填	说明
points	Array	是	要显示在可视区域内的坐标点列表,格式为[{经度,纬度}]
padding	Array	否	坐标点形成的矩形边缘到地图边缘的距离(单位为 px),格式为[上,右,下,左]。Androidl 系统上只能识别数组第一项,上、下、左、右的 padding 一致。小程序开发者工具暂不支持 padding 参数

getRegion 的参数如表 8-39 所示。

表 8-39　getRegion 的参数

参数	类型	必填	说明
success	Function	否	接口调用成功的回调函数,res＝{southwest, northeast},西南角与东北角的经纬度
fail	Function	否	接口调用失败的回调函数
complete	Function	否	接口调用结束的回调函数(调用成功、失败都会执行)

getScale 的参数说明如表 8-40 所示。

表 8-40　getScale 的参数说明

参数	类型	必填	说明
success	Function	否	接口调用成功的回调函数,res＝{scale}
fail	Function	否	接口调用失败的回调函数
complete	Function	否	接口调用结束的回调函数(调用成功、失败都会执行)

wx. createMapContext(mapId)函数的示例代码如下：

```
<!-- map. wxml -->
< map id="myMap" show-location />
< button type="primary"bindtap="getCenterLocation">获取位置</button >
< button type="primary"bindtap="moveToLocation">移动位置</button >
< button type="primary"bindtap="translateMarker">移动标注</button >
< button type=" primary" bindtap=" includePoints ">缩放视野展示所有经纬
度</button >
// map. js
Page({
onReady：function（e）{
    // 使用 wx. createMapContext 获取 map 上下文
    this. mapCtx=wx. createMapContext(' myMap ')
  },
getCenterLocation：function（ ）{
    this. mapCtx. getCenterLocation({
      success：function(res){
        console. log(res. longitude)
        console. log(res. latitude)
      }
    })
  },
moveToLocation：function（ ）{
    this. mapCtx. moveToLocation（ ）
  },
translateMarker：function（ ）{
    this. mapCtx. translateMarker({
markerId：0，
      autoRotate：true，
      duration：1000，
      destination：{
        latitude:23. 10229，
        longitude:113. 3345211，
      },
animationEnd（ ）{
        console. log(' animation end ')
      }
    })
```

```
        },
includePoints: function( ) {
    this. mapCtx. includePoints({
        padding：[10],
        points：[{
            latitude:23. 10229,
            longitude:113. 3345211,
        }, {
            latitude:23. 00229,
            longitude:113. 3345211,
        }]
    })
    }
})
```

第9章 微信小程序开发框架

在小程序开发中,可以将一些公共的代码抽离成一个单独的后缀为.js文件,作为一个模块使用,提高代码的可复用性。小程序中的模块、模板、自定义组件和插件都可以实现快速化开发。

9.1 小程序模块化开发

小程序模块化的过程是将某些公共的代码抽离成一个单独的JS文件,作为一个模块。小程序模块只有通过module. exports或者exports才能对外暴露接口,但要注意以下两点:

(1)exports是module. exports的一个引用,推荐采用module. exports来暴露模块接口,因为在模块里边随意更改exports的指向会造成未知的错误。

(2)小程序目前不支持直接引入node_modules,所以在使用node_modules时建议将相关的代码拷贝到小程序的目录中,或者使用小程序支持的NPM(Network Power Manager,网络管理电源控制器)功能。

9.1.1 模块和模板

9.1.1.1 定义并使用模块

(1)模块:每一个WXS文件和<wxs>标签都是一个单独的模块,每个模块都有自己独立的作用域。也就是说,在一个模块里面定义的变量与函数,默认为私有的,对其他模块不可见。

一个模块要想对外暴露其内部的私有变量与函数,只能通过module. exports实现。

(2)WXS文件:在微信开发者工具里面,单击右键可以直接创建WXS文件,在其中直接编写WXS脚本。comm. wxs脚本的示例代码如下:

```
// /pages/comm. wxs
varfoo="'' hello world ' from comm. wxs";
var bar=function(d){
    return d;
```

```
    }
    module. exports＝{
        foo：foo,
        bar：bar
    };
```

上述示例在 /pages/comm. wxs 的文件中编写了 WXS 脚本,该 WXS 文件可以被其他的 WXS 文件或 WXML 中的＜wxs＞标签引用。

（3）module 对象:每个 WXS 模块均有一个内置的 module 对象。

module 属性是当前＜wxs＞标签的模块名。在单个 WXML 文件内,建议 module 属性值唯一。有重复模块名的则按照先后顺序覆盖该模块(后者覆盖前者),不同文件之间的 WXS 模块不会相互覆盖。

module 属性值的命名必须符合下面两个规则:①首字符必须是字母(a～z,A～Z)或下划线(_)。②剩余字符可以是字母(a～z,A～Z)、下划线(_)或数字(0～9)。

module 属性的示例代码如下:

```
<! --wxml -->

< wxs module＝"foo">
    var some_msg ＝"hello world";
    module. exports＝{
        msg:some_msg,
    }
</wxs>
< view >{{foo. msg}}</view >
```

运行上述代码,得到的页面输出如下:

hello world

上面例子声明了一个名为 foo 的模块,将 some_msg 变量暴露出来,供当前页面使用。

（4）module. exports 属性:通过 module. exports 属性,程序可以对外共享私有变量与函数。示例代码如下:

```
// /pages/tools. wxs
varfoo＝"'hello world' from tools. wxs";
var bar＝function(d){
    return d;
}
module. exports＝{
    FOO：foo,
    bar：bar,
```

```
};
module. exports. msg＝"some msg";
<! -- page/index/index. wxml -->
< wxs src＝". /.. /tools. wxs" module＝"tools" />
< view >{{tools. msg}}</view >
< view >{{tools. bar(tools. FOO)}}</view >
```

运行上述代码,得到的页面输出如下:

```
some msg
'hello world' from tools. wxs
```

(5)require( )函数:若要在 WXS 文件模块中引用其他 WXS 文件模块,可以使用 require( )函数。示例代码如下:

```
// /pages/tools. wxs
varfoo＝"'hello world' from tools. wxs";
var bar＝function(d){
    return d;
}
module. exports＝{
    FOO:foo,
    bar:bar,
};
module. exports. msg＝"some msg";
// /pages/logic. wxs
var tools＝require(". /tools. wxs");
console. log(tools. FOO);
console. log(tools. bar("logic. wxs"));
console. log(tools. msg);
<! -- /page/index/index. wxml -->
< wxs src＝". /.. /logic. wxs" module＝"logic" />
```

控制台输出如下:

```
'hello world' from tools. wxs
logic. wxs
some msg
```

在引用 require( )函数时,要注意如下几点:①只能引用 WXS 文件模块,且必须使用相对路径。②WXS 文件模块均为单例,其在第一次被引用时,会自动初始化为单例对象。在多个页面、多个地方、多次引用时,使用的都是同一个 WXS 文件模块对象。③如果一个 WXS 文件模块定义之后,一直没有被引用,则该模块不会被解析与运行。

（6）<wxs>标签中的 src 属性：src 属性可以用来引用其他的 WXS 文件模块。引用 src 属性时，要注意如下几点：①只能引用 WXS 文件模块，且必须使用相对路径。② WXS 文件模块均为单例，其在第一次被引用时，会自动初始化为单例对象。在多个页面、多个地方、多次引用时，使用的都是同一个 WXS 文件模块对象。③如果一个 WXS 文件模块定义之后，一直没有被引用，则该模块不会被解析与运行。module 属性与 src 属性的对比如表 9-1 所示。

表 9-1　module 属性与 src 属性的对比

属性名	类型	默认值	说明
module	String	—	当前<wxs>标签的模块名，为必填字段
src	String	—	引用 .WXS 文件的相对路径，仅当本标签为单闭合标签或标签的内容为空时有效

src 属性的示例代码如下：

```
// /pages/index/index.js
Page({
    data:{
        msg:"' hello wrold' from js",
    }
})
```

```
<!-- /pages/index/index.wxml -->
<wxs src="./../comm.wxs" module="some_comms"></wxs>
<!-- 也可以直接使用单标签闭合的写法
<wxs src="./../comm.wxs" module="some_comms" />
-->
<!-- 调用 some_comms 模块里面的 bar 函数，且参数为 some_comms 模块里面的 foo -->
<view>{{some_comms.bar(some_comms.foo)}}</view>
<!-- 调用 some_comms 模块里面的 bar 函数，且参数为 page/index/index.js 里面的 msg -->
<view>{{some_comms.bar(msg)}}</view>
```

运行上述代码，得到的页面输出如下：

' hello world' fromcomm. wxs

' hello wrold' from js

上述例子在文件 /page/index/index. wxml 中通过 <wxs>标签引用了 /page/comm. wxs 模块。

注意：①<WXS>标签只能在定义模块的 WXML 文件中被访问到。使用 <include>标签或 <import>标签时，<WXS>标签不会被引入到对应的 WXML 文件中。

②在<template>标签中,只能使用定义该 < template >标签的 WXML 文件中定义的
< WXS >标签。

9.1.1.2　定义并实用模板

WXML 提供了模板(template),开发者可以在模板中定义代码片段,然后在不同的
地方调用。

(1)定义模板:在< template/>内定义模板,使用 name 属性作为模板的名字。示例代
码如下:

```
<! --
index：int
msg：string
time：string
-->
< template name="msgItem">
< view >
< text >{{index}}：{{msg}}</text >
< text > Time：{{time}}</text >
</ view >
</ template >
```

(2)使用模板:使用 is 属性声明需要使用的模板,然后将模板所需要的 data 属性传
入。示例代码如下:

```
< template is="msgItem" data="{{...item}}"/>
Page({
data：{
index：0
msg：' this is a template ',
time：' 2016-09-15 '
}
})
```

is 属性可以使用 Mustache 语法来动态决定具体需要渲染哪个模板,示例代码如下:
```
< template name="odd">
< view > odd </view >
</ template >
< template name="even">
< view > even </view >
</ template >
< block wx：for="{{[1,2,3,4,5]}}">
< template is="{{item % 2 ==0 ? ' even' : ' odd'}}"/>
```

</block>

模板的作用域:模板拥有自己的作用域,只能使用 data 属性传入的数据以及模板定义文件中定义的<WXS>标签。

9.1.2　自定义组件

从小程序基础库 1.6.3 版本开始,小程序支持简洁的组件化编程。所有自定义组件的相关特性都需要基础库 1.6.3 版本或更高。

开发者可以将页面内的功能模块抽象成自定义组件,以便在不同的页面中重复使用;也可以将复杂的页面拆分成多个低耦合的模块,有助于代码维护。自定义组件在使用时与基础组件非常相似。

9.1.2.1　创建自定义组件

类似于页面,一个自定义组件由 .json 文件、.wxml 文件、.wxss 文件和 .js 四个文件组成。要编写一个自定义组件,首先需要在 .json 文件中进行自定义组件声明(将 component 字段设为 true 可将这一组文件设为自定义组件),代码如下:

```
{
    "component": true
}
```

同时,还要在自定义组件的 .wxml 文件中编写组件模板,即在 .wxss 文件中加入组件样式,它们的写法与页面的写法类似。

创建自定义组件 1 的代码示例如下:

```
<!-- 这是自定义组件的内部 WXML 结构 -->
<view class="inner">
    {{innerText}}
</view>
<slot></slot>
/* 这里的样式只应用于这个自定义组件 */
.inner{
    color: red;
}
```

注意:①在 .wxss 文件中不能使用 ID 选择器、属性选择器和标签名选择器;②在自定义组件的 .js 文件中,需要使用 Component( )来注册组件,并提供组件的属性定义、内部数据和自定义方法;③组件的属性值和内部数据将被用于组件渲染,属性值是可由组件外部传入的。

创建自定义组件 2 的示例代码如下:

```
Component({
    Properties:{        //这里定义了 innerText 属性,属性值可以在组件使用时指定
```

```
    innnerText:{
      Type:String,
      Value:'default value',
    }
  },
  data:{        //这里是一些组件内部数据
    someData:{}
  },
  methods:{        //这里是一个自定义方法
    customMethod:function( ){}
}}
```

使用已注册的自定义组件前,首先要在页面的 .json 文件中进行引用声明。此时需要提供每个自定义组件的标签名和对应的自定义组件文件路径,示例代码如下:

```
{
  "usingComponents": {
    "component-tag-name": "path/to/the/custom/component"
  }
}
```

这样,在页面的 WXML 中就可以像使用基础组件一样使用自定义组件。节点名即自定义组件的标签名,节点属性即传递给组件的属性值。

开发者工具 1.02.1810190 版本及以上版本支持在 app.json 中声明 usingComponents 字段,在此处声明的自定义组件视为全局自定义组件(在小程序内的页面或自定义组件中可以直接使用而无须再声明)。

代码示例如下:

```
<view>
    <!-- 以下是对一个自定义组件的引用 -->
    <component-tag-name inner-text="Some text"></component-tag-name>
</view>
```

自定义组件的 WXML 节点结构在与数据结合之后,将被插入到引用位置内。细节注意事项:①因为 WXML 节点标签名只能是小写字母、中划线和下划线的组合,所以自定义组件的标签名也只能包含这些字符。②自定义组件也可以引用自定义组件,引用方法类似于页面引用自定义组件的方式(使用 usingComponents 字段)。③自定义组件和页面所在项目根目录名不能以"wx-"为前缀,否则会报错。

是否在页面文件中使用 usingComponents 会使得页面的 this 对象的原型稍有差异,具体如下:① 使用 usingComponents 页面的原型与不使用时不一致,即 Object.getPrototypeOf(this)的结果不同。②使用 usingComponents 时会多一些方法,如 selectComponent。③出于性能考虑,使用 usingComponents 时,setData 的内容不会被直接深复制,即 this. setData(⟨field：obj ⟩) 后 this. data. field＝＝obj。深复制会在这个值被组件传递时发生。

如果页面比较复杂,新增或删除 usingComponents 定义段时建议重新测试一下。

9.1.3　插件

插件的开发和使用自小程序基础库 1.9.6 版本开始支持。如果插件包含页面,则需要基础库 2.1.0 版本。

插件是对一组 JS 接口、自定义组件或页面进行封装,并嵌入到小程序中使用。插件不能独立运行,必须嵌在其他小程序中才能被用户使用。第三方小程序在使用插件时,也无法看到插件的代码。因此,插件适合用来封装自己的功能或服务,提供给第三方小程序进行展示和使用。

插件开发者可以像开发小程序一样编写一个插件并上传代码,在插件发布之后,其他小程序方可调用。小程序平台会托管插件代码,其他小程序调用时,上传的插件代码会随小程序一起下载运行。

相对于普通的 .js 文件或自定义组件,插件拥有更强的独立性,拥有独立的 API、域名列表等,但同时会受到一些限制,如一些 API 无法调用或功能受限。对于特殊的接口,虽然插件不能直接调用,但可以使用插件功能页来间接实现。

另外,框架会对小程序和小程序使用的每个插件进行数据安全保护,保证它们之间不能窃取任何一方的数据(除非数据被主动传递给另一方)。

创建自定义插件的步骤如下:

9.1.3.1　创建插件项目

创建插件项目界面如图 9-1 所示。新建插件类型的项目后,如果创建示例项目,则项目中将包含三个目录:

(1)plugin 目录:插件代码目录。

(2)miniprogram 目录:放置一个小程序,用于调试插件。

(3)doc 目录:用于放置插件开发文档。

miniprogram 目录内容可以当成普通小程序来编写,用于插件调试、预览和审核。

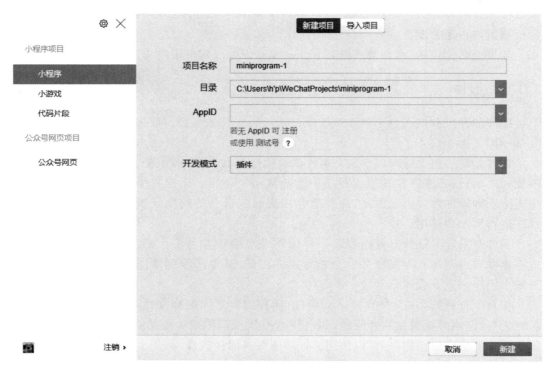

图 9-1　创建插件项目界面

9.1.3.2　插件目录结构

一个插件可以包含若干个自定义组件、页面和一组 JS 接口。插件的目录内容如图 9-2 所示。

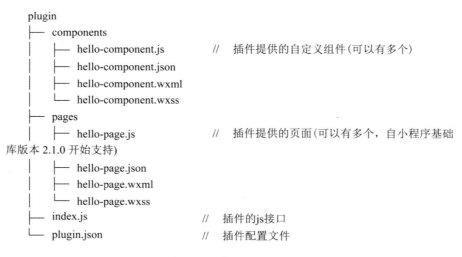

```
plugin
├── components
│   ├── hello-component.js        //  插件提供的自定义组件(可以有多个)
│   ├── hello-component.json
│   ├── hello-component.wxml
│   └── hello-component.wxss
├── pages
│   ├── hello-page.js             //  插件提供的页面(可以有多个,自小程序基础
库版本 2.1.0 开始支持)
│   ├── hello-page.json
│   ├── hello-page.wxml
│   └── hello-page.wxss
├── index.js                      //  插件的js接口
└── plugin.json                   //  插件配置文件
```

图 9-2　插件的目录内容

（1）自定义组件：插件可以定义若干个自定义组件，这些自定义组件都可以在插件内相互引用。但提供给第三方小程序使用的自定义组件必须在配置文件的

publicComponents 段中列出。

除接口限制以外,自定义组件的编写和组织方式与一般的自定义组件相同,每个自定义组件都由 .wxml 文件、.wxss 文件、.js 文件和 .json 文件组成。

使用插件提供的自定义组件和使用普通自定义组件的方式相仿。在 .json 文件中定义需要引入的自定义组件时,使用"plugin://"协议指明插件的引用名和自定义组件名。

示例代码如下:

```
{
  "usingComponents": {
    "hello-component": "plugin://myPlugin/hello-component"
  }
}
```

出于对插件的保护,插件提供的自定义组件在使用上有一定的限制。在默认情况下,页面中的 this.selectComponent 接口无法获得插件的自定义组件实例对象,wx.createSelectorQuery 等接口的 >>>选择器无法选入插件内部。

(2)页面:插件从小程序基础库 2.1.0 版本开始支持页面。插件可以定义若干个页面,可以从本插件的自定义组件、其他页面中跳转,或从第三方小程序中跳转。所有页面必须在配置文件的 pages 段中列出。除接口限制以外,插件的页面编写和组织方式与一般的页面相同,每个页面都由 .wxml 文件、.wxss 文件、.js 文件和 .json 文件组成。

插件执行页面跳转的时候,可以使用 navigator 组件。当插件跳转到自身页面时,URL 应设置为如下的形式:plugin-private://PLUGIN_AppID/PATH/TO/PAGE。需要跳转到其他插件时,也可以像如下示例一样设置 URL:

```
<navigator url="plugin-private://wxidxxxxxxxxxxxxxx/pages/hello-page">
  Go to pages/hello-page!
</navigator>
```

自基础库 2.2.2 版本开始,在插件自身的页面中,还可以调用 wx.navigateTo 来进行页面跳转,RUL 的格式与使用 navigator 组件时相仿。

(3)接口:使用插件的 JS 接口时,可以使用 requirePlugin 方法。例如,插件提供一个名为 hello 的方法和一个名为 world 的变量,则可以像如下示例一样调用:

```
varmyPluginInterface=requirePlugin('myPlugin');
myPluginInterface.hello();
varmyWorld=myPluginInterface.world;
```

也可以在接口文件中使用 module.exports 方法来定义 JS 接口,供插件的使用者调用,示例代码如下:

```
module.exports={
  hello: function() {
    console.log('Hello plugin!')
```

```
    }
}
```

9.1.3.3 插件配置文件

向第三方小程序开放的所有自定义组件、页面和 JS 接口都必须在插件配置文件 plugin.json 中列出,示例代码如下:

```
{
    "publicComponents":{
        "hello-component":"components/hello-component"
    },
    "pages":{
        "hello-page":"pages/hello-page"
    },
    "main":"index.js"
}
```

上述代码的配置文件将向第三方小程序开放一个自定义组件(hello-component)、一个页面(hello-page)和 index.js 下导出的所有 JS 接口。

9.1.3.4 插件开发

在插件开发中,只有部分接口可以直接调用。另外,还有部分功能(如获取用户信息和发起支付等)可以通过插件功能页的方式使用。

9.1.3.5 预览、上传和发布

插件可以像小程序一样预览和上传。需要注意的是,插件没有体验版。插件也可以同时有多个线上版本,由使用插件的小程序决定具体使用的版本号。

手机预览和提审插件时,会使用一个特殊的小程序来套用项目中 miniprogram 文件夹下的小程序,从而预览插件。如果当前开发者有测试号,则会使用这个测试号来预览。在测试号的设置页中可以看到测试号的 AppID、AppSecret,并可以设置域名列表。否则,将使用"插件开发助手"来预览插件。插件开发助手具有一个特定的 AppID。

9.1.3.6 插件开发文档

在第三方小程序使用插件时,插件代码不可见。因此,除了插件代码,我们还支持插件开发者上传一份插件开发文档。这份开发文档将展示在插件详情页,供其他开发者在浏览插件和使用插件时进行阅读和参考。插件开发者应在插件开发文档中对插件提供的自定义组件、页面、接口等进行必要的描述和解释,以方便第三方小程序正确使用插件。

插件开发文档必须放置在插件项目根目录中的 doc 目录下,目录结构如下:

```
doc
├── README.md        // 插件文档，应为 markdown 格式
└── picture.jpg       // 其他资源文件，仅支持图片
```

其中，README.md 的编写有一定的限制条件，引用到的图片资源不能是网络图片，且必须放在这个目录下。

插件开发文档中的链接只能链接到微信开发者社区（developers.weixin.qq.com）、微信公众平台（mp.weixin.qq.com）和 GitHub（github.com）。

编辑 README.md 之后，可以使用开发者工具打开 README.md，并在编辑器的右下角预览插件文档和单独上传插件文档。上传文档后，文档不会立刻发布。此时可以使用账号和密码登录管理后台，在"小程序插件"→"基本设置"中预览、发布插件文档。

其他注意事项如下：

（1）插件不能直接引用其他插件。但如果小程序引用了多个插件，插件之间是可以互相调用的。

一个插件调用另一个插件的方法与插件调用自身的方法类似，可以使用 plugin-private://AppID 访问插件的自定义组件、页面（暂不能使用 plugin:// ）。对于 JS 接口，可使用 requirePlugin 来调用。

（2）插件在使用 wx.request 等 API 发送网络请求时，将会额外携带一个签名 HostSign，用于验证请求来源于小程序插件。这个签名位于请求头中，形如：

X-WECHAT-HOSTSIGN：{ " noncestr ":" NONCESTR "," timestamp ":" TIMESTAMP","signature":"SIGNATURE"}

其中，NONCESTR 是一个随机字符串，TIMESTAMP 是生成这个随机字符串和 SIGNATURE 的 Unix 时间戳。它们是用于计算签名 SIGNATRUE 的参数，签名算法为：

SIGNATURE = sha1（[AppID，NONCESTR，TIMESTAMP，TOKEN].sort() .join("")）

其中，AppID 是所在小程序的 AppID（可以从请求头的 referrer 中获得）；TOKEN 是插件 Token，可以在小程序插件基本设置中找到。

网络请求的 referer 格式固定为 https://servicewechat.com/{appid}/{version}/page-frame.html，其中 {appid} 为小程序的 AppID，{version} 为小程序的版本号。版本号为 0 表示为开发版、体验版以及审核版本，版本号为 devtools 表示开发者工具，其余为正式版本。

插件开发者可以在服务器上按以下步骤校验签名：①sort 将 AppID、NONCESTR、TIMESTAMP 和 TOKEN 四个值表示成字符串形式，按照字典序排序（同 JavaScript 数组的 sort 方法）。②join 将排好序的四个字符串直接连接在一起。③对连接结果使用 SHA1 算法进行加密，其结果即 SIGNATURE。

从基础库 2.0.7 版本开始，在小程序运行期间，若网络状况正常，NONCESTR 和 TIMESTAMP 会每 10 min 变更一次。如有必要，可以通过判断 TIMESTAMP 来确定当前签名是否依旧有效。

(3)使用插件前,使用者首先要通过小程序管理后台的"设置"→"第三方服务"→"插件管理"选项添加插件。开发者可登录小程序管理后台,通过 AppID 查找插件并添加。如果插件无须申请,添加后可直接使用;否则需要申请并等待插件开发者通过后,方可在小程序中使用相应的插件。

(4)使用插件前,使用者要在 app.json 中声明需要使用的插件,代码示例如下:

```
{
  "plugins"{
    "myPlugin":{
      "version":"1.0.0",
      "provider":"wxidxxxxxxxxxxxx"
    }
  }
}
```

如上例所示,plugins 定义段中可以包含多个插件声明,每个插件声明以一个使用者自定义的插件引用名作为标识,并指明插件的 AppID 和需要使用的版本号。其中,引用名(如上例中的 myPlugin)由使用者自定义,无须和插件开发者保持一致或与开发者协调。在后续的插件使用中,该引用名将被用于表示该插件。

在分包内引入插件代码包时,如果插件只在一个分包内用到,则可以将插件仅放在这个分包内,代码示例如下 :

```
{
  "subpackages"[
    {
      "root":"packageA",
      "pages":[
        "pages/cat",
        "pages/dog"
      ],
      "plugins"{
        "myPlugin":{
          "version":"1.0.0",
          "provider":"wxidxxxxxxxxxxxx"
        }
      }
    }
  ]
}
```

在分包内使用插件有如下限制:①仅能在这个分包内使用该插件。②同一个插件不能被多个分包同时引用。③如果基础库版本低于 2.9.0,不能从分包外的页面直接跳入分包内的插件页面,需要先跳入分包内的非插件页面,再跳入同一分包内的插件页面。

(5)插件的代码对于使用者来说是不可见的。为了正确使用插件,使用者应查看插件详情页面中的"开发文档"一节,阅读由插件开发者提供的插件开发文档,通过文档来明确插件提供的自定义组件、页面名称及提供的 JS 接口规范等。

9.2　小程序基础样式库——WeUI

WeUI 是一套同微信原生视觉体验一致的基础样式库,由微信官方设计团队为微信 Web 开发量身设计,可以令用户的使用感知更加统一。WeUI 包含 button、cell、dialog、progress、toast、article、actionsheet、icon 等元素。

9.2.1　初识 WeUI

WeUI 可以理解为一个类似于 Bootstrap 的前端框架。由于 WeUI 是微信官方出品,所以与微信之间基本没有兼容性问题,而且各组件的样式和微信一样,能够很好地与微信融合在一起,给用户带来了较好的体验。WeUI 也提供了小程序、企业微信等版本。

9.2.1.1　下载 WeUI

开发者可以从 Github 官网上下载或复制源代码获取 WeUI,如图 9-3 所示。下载并解压完成之后,会得到一个名为 weui-wxss 的目录。

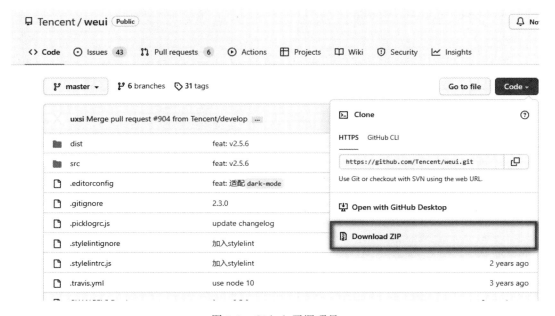

图 9-3　Github 开源项目

9.2.1.2　查看 WeUI 样式

WeUI 小程序也叫作 weui-wxss,扫描图 9-4 所示的二维码即可在手机上直接预览 WeUI。

(1)导入 weui. wxss 文件:因为 weui. wxss 是样式文件,所以需要在工程的样式文件中进行导入。因为是在项目全局中使用 WeUI,所以要在项目根目录的 app. wxss 文件中进行导入。

图 9-4　手机预览 WeUI

weui. wxss 文件位于项目的 dist/style 目录下,在工程下创建 thirdparty 目录,把 weui. wxss 文件拷贝进去即可。接着,在 app. wxss 文件中导入 weui. wxss 文件,并在 app. wxss 文件中增加部分代码。app. wxss 文件中增加的代码如下:

```
/ * * app. wxss * * /
@import 'thirdparty/weui. wxss';
. container{
    height:100%;
    display:flex;
    flex-direction:column;
    align-items:center;
    justify-content:space-between;
    padding:200rpx 0;
    box-sizing:border-box;
}
```

(2)参照 WeUI 提供的例子使用 WeUI 组件:在 example 目录中找到对应组件的视图层代码和逻辑层代码,比如九宫格就位于 example 目录下的 grid 中,我们可以直接拷贝使用里面的代码。

为了演示依据 WeUI 实现的九宫格,在上面创建的工程中新建一个页面 SquaredUp,置于 pages 目录下,如图 9-5 所示。

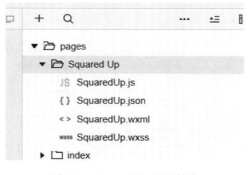

图 9-5　SquaredUp 页面结构

然后在 app.json 下增加一个 tabbar 相关配置,可以通过 tabbar 访问到这个页面。app.json 中 tabbar 的代码如下:

```
{
    "pages":[
        "pages/index/index",
        "pages/logs/logs",
        "pages/SquaredUp/SquaredUp"
    ],
    "window":[
        "backgroundTextStyle":"light",
        "navigationBarBackgroundColor":"#fff",
        "navigationBarTitleText":"WeChat",
        "navigationBarTextStyle":"black"
    ],
    "tabBar":{
    "list":[
        {
            "pagePath":"pages/index/index",
            "text":"首页",
            "iconPath":"",
            "selectedIconPath":""
        },
        {
            "pagePath":"pages/SquaredUp/SquaredUp",
            "text":"SquaredUp",
            "iconPath":"",
            "selectedIconPath":""
        }
    ]
    }
}
```

为了实现九宫格效果,将 grid.js 文件中的以下代码也拷贝到 SquaredUp.wxml 文件中。

```
Page({
    data:{
        grids:[0,1,2,3,4,5,6,7,8]
    }
});
```

点击"重新编译",就能看到九宫格的初步效果了,如图 9-6 所示。

图 9-6　WeUI 样式的九宫格

若出现错误日志,提示相关图标没有找到,可以把图标路径修改或者按照代码的图标路径放置图标文件即可。

WeUI 是微信终端非常出色的 UI 样式库,提供了非常丰富的基础 UI 组件。最重要的是,WeUI 拥有和微信一致的视觉体验,用户即使从微信切换到相关小程序,也不会觉得 UI 突兀。

9.2.2　课堂信息展示

导航栏如图 9-7 所示,正在上课界面如图 9-8 所示,搜索界面如图 9-9 所示,院系分类界面如图 9-10 所示。

图 9-7　导航栏界面

图 9-8　正在上课界面

图 9-9　搜索界面　　　　　　　　图 9-10　院系分类界面

9.3　小程序组件化开发框架——WePY

9.3.1　初识 WePY

WePY 是一款小程序支持的组件化开发的框架,使得开发者可以通过预编译的手段选择自己喜欢的开发风格去开发小程序。WePY 对框架的细节进行了优化,并引入了 Promise 对象和 Async Functions(异步函数),使开发小程序项目变得更加简单、高效。

WePY 的特点如下:

(1)类 Vue 开发风格。

(2)支持自定义组件开发。

(3)支持引入 NPM 包。

(4)支持 Promise。

(5)支持 ES2015＋特性,如 Async Functions。

(6)支持多种编译器,如 Less/Sass/Styus、Babel/Typescript、Pug。

(7)支持多种插件处理,如文件压缩、图片压缩、内容替换等。

(8)支持 Sourcemap、ESLint 等。

(9)支持小程序细节优化,如请求列队、事件优化等。

9.3.2　开发工具

使用微信开发者工具新建项目,本地开发选择 dist 目录。①选择"微信开发者工具"

→"项目",关闭 ES6(ECMAScript 6.0)转 ES5(ECMAScript 5.0)。注意:漏掉此操作会导致程序运行报错。②选择"微信开发者工具"→"项目",关闭上传代码时样式自动补全。注意:某些情况下漏掉此项也会导致程序运行报错。③选择"微信开发者工具"→"项目",关闭代码压缩上传。注意:开启后,会导致真机 computed、props.sync 等属性失效。④在项目根目录下运行"WePY build"→"watch",并开启实时编译。

9.3.3　项目结构

小程序官方目录结构要求微信小程序必须有三个文件,分别为 app.json、app.js 和 app.wxss;页面有四个文件,分别为 index.json、index.js、index.wxml 和 index.wxss。小程序官方目录中的文件必须同名,使用 WePY 开发前后开发目录对比如下:

（1）官方目录结构如图 9-11 所示。

```
├── dist                小程序运行代码目录(该目录由WePY的build指令自动编译生成，请不要直接修改该目录下的文件)
├── node_modules
├── src                 代码编写的目录(该目录为使用WePY后的开发目录)
│  ├── components       Wepy组件目录(组件不属于完整页面，仅供完整页面或其他组件引用)
│  │  ├── com_a.wpy     可复用的WePY组件a
│  │  └── com_b.wpy     可复用的WePY组件b
│  ├── config          项目配置文件
│  │  ├── api.js        后台接口映射表
│  │  ├── ip.js         后台请求ip地址
│  │  └── config.js     项目参数配置文件(请求方式等)
│  ├── assets          放置静态文件(图片、字体包等)
│  │  ├── images        静态图片
│  │  └── fonts         字体包
│  ├── request
│  │  ├── requestMethod 请求方法
│  │  └── request.js    使用策略模式分发请求方式
│  ├── service
│  │  ├── login.js      登录接口请求函数
│  │  └── other.js      其他接口请求函数
│  ├── utils
│  │  ├── error.js      错误code映射表
│  │  ├── utils.js      共有函数
│  │  └── tokenHandler.js token处理
│  ├── zanui           小程序ui框架
│  ├── pages           WePY页面目录(属于完整页面)
│  │  ├── index.wpy     index页面(经build后，会在dist目录下的pages目录生成index.js、index.json、index.wxm和index.wxss文件)
│  │  └── other.wpy     other页面(经build后，会在dist目录下的pages目录生成other.js、other.json、other.wxm和other.wxss文件)
│  └── app.wpy          小程序配置项(全局数据、样式、声明钩子等;经build后，会在dist目录下生成app.js、app.json和app.wxss文件)
├── wepy.config.js      打包配置文档
└── package.json        项目的package配置
```

图 9-11　官方目录结构

（2）WePY 目录结构如图 9-12 所示。

```
project
├── src                 代码编写的目录(该目录为使用WePY后的开发目录)
│  ├── pages            Wepy页面目录(属于完整页面)
│  │  ├── index.wpy     index页面(经build后，会在dist目录下的pages目录生成index.js、index.json、index.wxml和index.wxss文件)
│  │  └── other.wpy     other页面(经build后，会在dist目录下的pages目录生成other.js、other.json、other.wxml和other.wxss文件)
│  └── app.wpy          小程序配置项(全局数据、样式、声明钩子等;经build后，会在dist目录下生成app.js、app.json和app.wxss文件)
```

图 9-12　WePY 目录结构

9.3.4　人员列表

创建一个校友会人员列表的显示页,如图 9-13 所示。

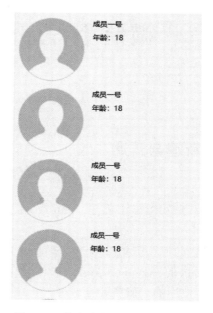

图 9-13　校友会人员列表的显示页

习　题

简述什么是微信小程序框架。

实　践

请通过 WeUI 实现计算器界面。

第10章 微信小程序云开发

10.1 云开发项目的新建与开通

开发者可以使用云开发来开发微信小程序、小游戏，无须搭建服务器即可使用云端能力。

云开发为开发者提供完整的原生云端支持和微信服务支持，弱化后端和运维概念，无须搭建服务器，使用平台提供的 API 进行核心业务开发，即可实现快速上线和迭代。同时，这一能力同开发者已经使用的云服务相互兼容。

10.1.1 新建云开发项目

在新建项目中的开发模式列表中选择，"小程序"，"后端服务"选择"微信云开发"，新建项目界面如图 10-1 所示。

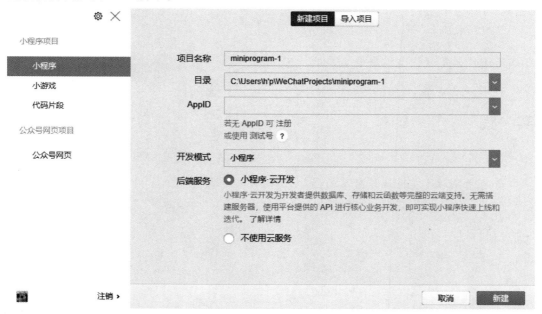

图 10-1 新建项目界面

10.1.2　云开发的开通

开发者工具的顶部按钮如图 10-2 所示，在其中找到"云开发"按钮，点击进入。

图 10-2　开发者工具的顶部按钮

开通云开发界面如图 10-3 所示，单击"开通"按钮即可开通云开发。

图 10-3　开通云开发界面

配置环境界面如图 10-4 所示。在"环境名称"栏填写"demo"，环境 ID 自动生成，勾选"我已阅读并同意《微信云开发功能服务条款》"并等待。

图 10-4　配置环境界面

10.2　云开发控制台

10.2.1　运营分析

运营分析提供了云开发小程序的资源使用、用户访问以及监视图表。运营分析页面如图 10-5 所示。运营分析方便小程序的运营者查看自己小程序的访问状况,便于制定更好的经营策略。

图 10-5　运营分析页面

10.2.2　云数据库

云开发提供了一个 JSON 数据库,数据库中的每条记录都是一个 JSON 格式的对象。JSON 数据库页面如图 10-6 所示。一个数据库可以有多个集合(相当于关系型数据中的表),集合可看作一个 JSON 数组,数组中的每个对象就是一条记录,记录的格式是 JSON 对象。数据库是云开发控制台使用最多的部分,也是云开发小程序使用最多的部分。云开发小程序使用的是非关系型数据库,可以修改数据表以及其中的数据。

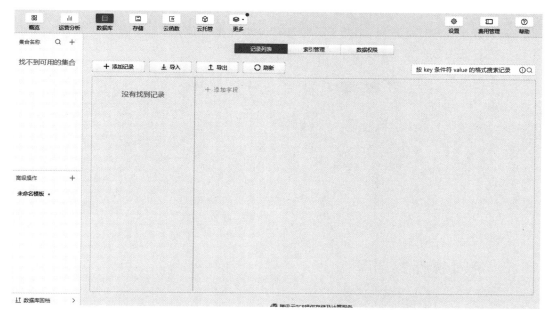

图 10-6　JSON 数据库页面

10.2.3　云存储

　　云开发提供了一块存储空间,以及上传文件到云端、带权限管理的云端下载能力,开发者可以在小程序端和云函数端通过 API 使用云存储功能。

　　开发者可以在小程序端分别调用 wx. cloud. uploadFile 和 wx. cloud. downloadFile 完成上传和下载云文件操作。简单的几行代码即可实现在小程序内让用户选择一张图片,然后上传到云端管理的功能。云存储页面如图 10-7 所示。

图 10-7　云存储页面

10.2.4　云函数

　　云函数是一段运行在云端的代码,无须管理服务器,在开发工具内编写、一键上传部署即可运行后端代码,如图 10-8 所示。

　　小程序内提供了专门用于云函数调用的 API。开发者可以在云函数内使用 wx-server-sdk 提供的 getWXContext 方法获取到每次调用的上下文(AppID、OpenID 等),

无须维护复杂的鉴权机制即可获取天然可信任的用户登录态(OpenID)。

云函数是云开发的难点,也是云开发能代替后台的原因之一,在图 10-8 所示的页面中可以查看云函数的日志和删除云函数。

图 10-8　云函数页面

10.3　API 操作数据库

10.3.1　添加数据

首先,在数据库中创建集合"user"来储存用户信息,将集合的权限设置为"所有用户可读,仅创建者可读写"。需要注意的是,数据库权限中并没有"所有用户可写"。权限设置页面如图 10-9 所示。

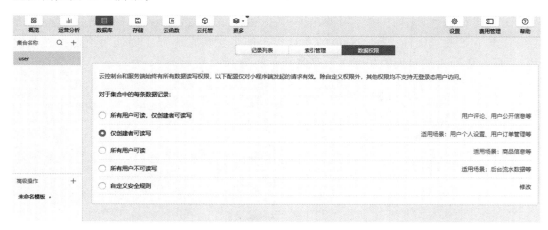

图 10-9　权限设置页面

在操作 MySQL 数据库时,需要先选择表,如选择 user 表(USE user)。云开发中提供了 collecton() 函数,如 wx. cloud. database(). collection("user")。为了简化书写,通常会先设 const db ＝ wx. cloud. database(),所以上述代码就变为 db. collection("user")。使用 add() 函数可以向集合中添加数据。

实例 10-1　在页面中设置一个按钮,一旦单击该按钮,用户表(user)会添加一个含有 name 的记录。

(1)index. wxml 中的代码如下:

```
<! --index. wxml-->
< view style="margin-top:30rpx;">
    < button bindtap="add" style="background-color:#ffe793;">添加</button>
</view >
```

(2)index. js 中的代码如下:

```
//index. js
        const db=wx. cloud. database( );          //给 db 赋值
          const app=getApp( )
          Page({
            data: {
              name:"小明"                          //给 name 赋值
                  },
              add:function( ){                     //点击事件 add
                db. collection("user"). add({       //云开发 API add
                    data:{                          //注意这里的格式,添加
的内容需要放在 data 中
                    name:this. data. name           //在 user 中添加一个记录,其
中 name 的值为小明
                      }
                  }). then(res=>{
                  console. log("添加成功")          //打印"添加成功"
                  })
                },
              })
```

如果添加成功,调试器将会打印"添加成功",并且在 user 中可以找到该记录。添加后的记录如图 10-10 所示。

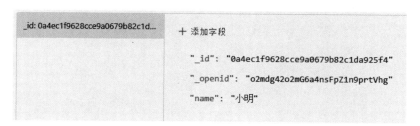

图 10-10　添加后的记录

从图 10-10 中可以看到,记录中含有三个数据,其中 name 是开发者自己添加的,而

"_id"和"_openid"是在创建记录时自动添加的。"_id"为每条记录所特有的索引,在查找或更新记录时需要使用。"_openid"是该记录创建者所特有的。

10.3.2 查找数据

查找数据时使用where()函数。但需要注意的是,查找内容不需要像add()函数一样放在data中,而是直接写在where()函数中。

实例 10-2　在页面中设置一个按钮,来查找小明的"_openid"并显示。

(1)index.wxml中的代码如下:

```
<!--index.wxml-->
<view style="margin-top:30rpx;">
    <button bindtap="find" style="background-color:#ffe793;width:80%">查找小明_openid并显示</button>
</view>
<view style="margin-top:30rpx;margin-left:60rpx;">{{id}}</view>
```

(2)index.js中的代码如下:

```
//index.js
          const db=wx.cloud.database();
          const app=getApp()
          Page({
            data：{
              name："小明",
              id:"",
            },
            find:function(){
              let that=this
               db.collection("user").where({
                  name:this.data.name    //在user中查找name为小明的记录
               }).get().then(res=>{        //查找之后用get()获取
                  console.log(res)         //打印res
                  that.setData({
                    id:res.data[0]._openid      //将查找到的_openid赋值给id
并显示
                  })
               })
            },
          })
```

运行后的模拟器界面如图10-11所示。

图 10-11　运行后的模拟器界面

小技巧：有时候在执行成功后获得的结果中，我们并不知道想要的信息在哪里，因此可以把结果打印出来，在调试器中找到我们想要的信息。

10.3.3　更新数据

更新记录时使用 update( )函数。但需要注意的是，在更新前需要使用 doc( )函数和它传入需要更新的记录所特有的"_id"，所以需要写成如下形式：db. collection('user'). doc(_id). update( )。"_id"如何获取呢？需要与 where 嵌套使用。

实例 10-3　在页面中设置一个按钮，点击后可将 name 由"小明"更改为"小刚"，age 改为"18 岁"。之前的记录中并没有 age 这一数据，因此我们依然更新它看看会发生什么。

（1）index. wxml 中的代码如下：

```
<!--index. wxml-->
< view style="margin-top:30rpx;">
    < button bindtap="update" style="background-color:#ffe793;width:80%">
    更改小明的名字与年龄</button>
</view>
```

（2）index. js 中的代码如下：

```
//index. js
        const db=wx. cloud. database( );
        const app=getApp( )
        Page({
          data：{
            name："小明"
          },
          update：function( ){
          let that=this
```

```
db. collection("user"). where({
    name:this. data. name      //在 user 中查找 name 为小明的记录
}). get( ). then(res=>{                    //查找之后用 get( )获取
    db. collection("user"). doc(res. data[0]._id). update({
                                    //传入返回的值中的_id
        data:{
            name:"小刚",                        //更新 name 为小刚
            age:18                              //更新 age 为 18
        }
    }). then(res=>{
    console. log("成功")
    })
})
},
})
```

点击按钮后查看数据库,可以看到 name 已经改成了"小刚",而原本没有 age 数据,现在却有了。这表明在使用 update( )函数更新数据时,如果记录中没有该数据,则会自动添加。更新后的记录如图 10-12 所示。

图 10-12　更新后的记录

10.3.4　删除数据

删除记录时使用的是 remove( )函数,其 API 与 update( )函数类似。删除前需要在 doc 中传入"_id",但是不需要在里面传入值,其代码如下:

```
db. collection("user"). where({
    name:this. data. name
}). get( ). then(res=>{          //查找之后用 get( )获取
    db. collection("user"). doc(res. data[0]._id). remove( )
                                //删除该记录
})
```

10.4　command 指令和正则表达式

command 指令是云开发提供的,便于操作记录中数组的 API。本节只对其中最常用的两种进行讲解。

10.4.1　unshift 操作数组

熟悉 JavaScript 的人应该了解,在 JavaScript 中 unshift 操作数组会将值添加到数组的最前面,而数组中的其他值依次向后移。同样地,云开发也提供了这种功能。在 db. command 下,为了简化书写,我们通常设 const _=db. command,这样其用法就变为"_. unshift"。

实例 10-4　在小刚的记录中创建一个数组"friend",设 friend[0]的值为小明。在页面中设置一个按钮,点击后在小刚的"friend"前添加小红。

(1)index. wxml 中的代码如下:

```
<! --index. wxml-->
< view style="margin-top:30rpx;">
    < button bindtap="update" style="background-color:#ffe793;width:80%">
    添加朋友</button>
</view>
```

(2)index. js 中的代码如下:

```
//index. js
        const db=wx. cloud. database( );
        const app=getApp( )
        const _=db. command
        Page({
          data:{
            name:"小刚"
          },
          update:function( ){
            let that=this
            db. collection("user"). where({
                name:this. data. name
            }). get( ). then(res=>{         //查找之后用 get( )获取
              db. collection("user"). doc(res. data[0]. _id). update({
                data:{
                    friend:_. unshift("小红")         //向 friend 中添加小红
```

```
        }
    }). then(res=>{
        console. log("成功")
    })
    })
    },
 })
```

点击按钮后查看数据库,可以看到小红被成功添加到小明的前面,这表示添加数组元素成功了。添加数组元素后的记录如图 10-13 所示。

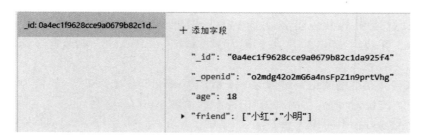

图 10-13　添加数组元素后的记录

10.4.2　push 操作数组

上一节中的 unshift( )函数是向数组的最前面添加元素。既然可以在数组的最前面添加元素,那也一定可以在数组的最后添加元素。push( )就是这样的函数,它的使用方法与 unshift( )一样,因此在这里就不作讲解了,读者可自己练习。

10.4.3　正则表达式

正则表达式通常被用来检索、替换那些符合某个模式(规则)的文本。云开发提供了特有的正则表达式,用于实现简单的搜索功能,其基本语法如下:

db. RegExp({regexp:"搜索内容",options:"i"})

options 共有三个属性值,分别是:

(1)i:大小写不敏感。

(2)m:跨行匹配,让开始匹配符"^"或结束匹配符"$"除了匹配字符串的开头和结尾外,还匹配行的开头和结尾。

(3)s:让"."可以匹配包括换行符在内的所有字符。

实例 10-5　在页面中设置一个按钮,点击后会查找 name 中带"刚"的用户,并打印结果。

(1)index. wxml 中的代码如下:

```
<! --index. wxml-->
< view style="margin-top:30rpx;">
    < button bindtap="reg" style="background-color:#ffe793;width:80%">添
```

加朋友</button>

</view>

(2)index. js 中的代码如下：

```
//index. js
          const db＝wx. cloud. database( );
          const app＝getApp( )
        const _＝db. command
          Page({
           data：{
             name："刚"
            },
            reg：function( ){
            let that＝this
            db. collection("user"). where({
                name：db. RegExp({
                  regexp：this. data. name,      //搜索关键词"刚"
                  options："i"                   //options 设置为"i"
                })
              }). get( ). then(res＝>{          //查找之后用 get( )获取
                console. log(res)
              })
            },
          })
```

点击按钮后查看打印出的数据,可以看到成功搜索到了小刚的数据。返回的结果如图 10-14 所示。

```
▼{data: Array(1), errMsg: "collection.get:ok"}
 ▼data: Array(1)
    nv_length: (...)
   ▼0:
      _id: "0a4ec1f9628cce9a0679b82c1da925f4"
      _openid: "o2mdg42o2mG6a4nsFpZ1n9prtVhg"
      age: 18
      name: "小刚"
```

图 10-14　返回的结果

10.5　云函数

在前面的章节已经或多或少地讲过或使用过云函数了,下面将详细讲解云函数。

10.5.1 云函数的特殊权限

创建数据库集合时,部分操作是有权限限制的。而云函数不同,无论集合的权限如何设置,云函数都可以对其中的记录进行增加、删除、查找。因此,在更改数据时通常使用云函数。

10.5.2 云函数的配置与上传

右击云函数文件夹,选择云函数环境,如图 10-15 所示。

图 10-15　选择云函数环境页面

在学习云函数之前,需要在电脑上安装好 Node.js。因为在很多情况下,需要使用它来为云函数安装额外的依赖。在需要安装依赖时,选择在终端打开,输入相应的指令。

10.5.3 云函数的使用

在前面的用户登录章节,我们使用了云函数 login( )获取用户的"_openid"。login( )云函数的代码如下:

```
//云函数模板
// 部署:右击 cloud-functions/login 文件夹,选择"上传并部署"
const cloud＝require(' wx-server-sdk ')
// 初始化 cloud
cloud.init({
// API 的调用都保持和云函数当前所在环境一致
```

```
      env：cloud. DYNAMIC_CURRENT_ENV
  })
  /* *
   * 这个示例将经自动鉴权过的小程序用户 openid 返回给小程序端
   *
   * event 参数包含小程序端调用传入的 data
   *
   * /
   exports. main＝(event，context)＝>{
   console. log(event)
   console. log(context)
    // 可执行其他自定义逻辑
    // console. log 的内容可以在云开发云函数调用日志查看
    // 获取 WX Context(微信调用上下文)，包括 OPENID、AppID 及
UNIONID(需满足 UNIONID 获取条件)等信息
        const wxContext＝cloud. getWXContext( )
        return {
          event，
          openid：wxContext. OPENID，    //返回 openid
          appid：wxContext. AppID，
          unionid：wxContext. UNIONID，
          env：wxContext. ENV，
          }
        }
```

云函数在使用前需要部署到云服务器上，方法是：单击云函数文件夹，选择"创建并部署"，如图 10-16 所示。

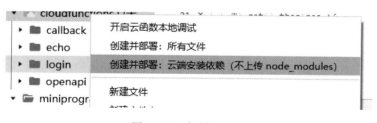

图 10-16　部署云函数

云函数在页面的 JavaScript 中完成调用和返回，下面以 login( )为例进行讲解，其代码如下：

```
//index. js
      Page({
        data：{
```

```
        },
        login:function( ){
         wx. cloud. callFunction({          //调用云函数的 API
           name:"login",               //选择云函数的名字为 login
           data:{
             number:1                      //向云函数传值 1,使用 event 接受
           },
           success(res){
             console. log(res)
           }
         })
        }
      })
```

通过运行上述代码,就能在调试器中找到返回的"_openid"。返回的结果如图 10-17 所示。

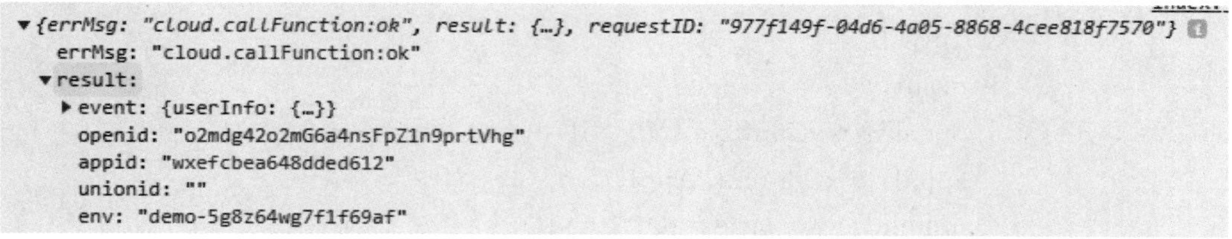

```
▼{errMsg: "cloud.callFunction:ok", result: {…}, requestID: "977f149f-04d6-4a05-8868-4cee818f7570"}
   errMsg: "cloud.callFunction:ok"
 ▼result:
  ▶event: {userInfo: {…}}
   openid: "o2mdg42o2mG6a4nsFpZ1n9prtVhg"
   appid: "wxefcbea648dded612"
   unionid: ""
   env: "demo-5g8z64wg7f1f69af"
```

图 10-17　返回的结果

因为云函数的特殊权限,开发者通常使用云函数修改记录。下面以实例 10-3 为例,写一个更新 name 的云函数,其代码如下:

```
const cloud=require(' wx-server-sdk ')        //导入依赖
     cloud. init( )
     const db=cloud. database( )
     const_=db. command
     exports. main=async (event, context)=>{
     const Update=db. collection(event. ku)
     return await Update. doc(event. doc). update({
       data: {
         name: _. push(event. name)
       }
     })
   }
```

10.6 文件的上传、下载与删除

10.6.1 文件的上传

前面的章节中介绍了如何选择本地文件并获取它的临时路径,现在依然以图片为例讲解如何选择本地图片并上传到云储存空间。这里使用的上传 API 为 wx. cloud. uploadFile,其代码如下:

```
//index. js
        Page({
          data: {
        },
          login:function( ){
            let that=this
            wx. chooseImage({
              count: 1,                    //设置选择的照片数量为1
              sizeType: ["compressed"], //设置照片为压缩格式
              sourceType: ['album'],      //可选来源为相册,默认为相册或相机
              success: res =>{
                wx. cloud. uploadFile({     //调用 API
                  cloudPath: "image/" + "image",   //设置存放到image文件夹下,名字为image
                  filePath: res. tempFiles[0].path,    //图片路径为被选图片的临时路径
                  success: res =>{
                  console. log(res. fileID)
                    }
                  })
                }
              })
            }
          })
```

运行成功后,将返回上传后图片的路径,在存储中也可以找到该图片。图片原本的存储路径如图 10-18 所示,存储后的路径如图 10-19 所示。

图 10-18 图片原本的存储路径

| □ | 📄 22eb84f4a4ef4ce3.jpg | cloud://demo-5g8z64wg7f1f69af.6465-demo-5g8z64wg7f1f69af-1312122787/image/22eb84f4a4ef4ce3.jpg | 45.96 KB |

图 10-19　存储后的路径

10.6.2　文件的下载

在文件的下载过程中,使用的 API 为 wx. cloud. downloadFile,只需传入一个文件的地址即可,其代码如下:

```
//index. js
        Page({
         data：{
          },
         login：function( ){
           let that＝this
            wx. cloud. downloadFile({
                fileID：' cloud：//demo-ebssv. 6465-demo-ebssv-1300695193/
                image/image',    //填入需要下载的文件地址
            success：res =>{
              console. log("成功")
            }
          })
        }
      })
```

10.6.3　文件的删除

在文件的删除中,使用的 API 为 wx. cloud. deletedFile,只需要向该 API 传入一个文件地址集合即可(最多为 50 个),其代码如下:

```
//index. js
        Page({
        data：{
         },
        login：function( ){
          let that＝this
          wx. cloud. deleteFile({
          fileList：[' cloud：//demo-ebssv. 6465-demo-ebssv-1300695193/image/
          image'],    //文件地址的集合
          success：res =>{
```

— 228 —

```
            console. log("成功")
        }
    })
    }
    })
```

10.7　云开发案例——用户登录

之前的章节中介绍了云开发的基础知识,下面来介绍如何制作一个用户登录小程序。在 index 页面中,设置用户登录按钮,获取用户的"_openid",判断数据库中是否有该 OpenID。如果存在,则跳转到 user 界面,该界面显示用户的头像和名字,可以在该页面修改 name 的值。

(1)index. wxml 中的代码如下:

```
<! --index. wxml-->
< view style="margin-top:30rpx;">
    < buttonbindtap="login" style="background-color:♯ffe793;width:80％">微信
    登录</button >
</ view >
```

(2)index. js 中的代码如下:

```
const db=wx. cloud. database( )
        var app ＝getApp( )
        Page({
            data：{
            },
            login:function( ){
                let that＝this
                wx. cloud. callFunction({
                    name:"login",                //调用 login( )云函数
                    success(res){
                    console. log(res)
                    db. collection("user"). where({
                        _openid:res. result. openid          //搜索 OpenID
                    }). get( ). then(res=>{
                        if(res. data. length! =0){     //判断是否有该用户
                        app. openid=res. data[0]._openid
                        wx. navigateTo({
```

```
                url：'../../pages/user/user',        //跳转到 user 界面
              })
            }
          else{
            wx. showToast({
            title:'该用户尚未注册',    //如果该用户不存在,则显示该内容
            icon:"none"
              })
          }
        })
      }
    })
```

（3）user. wxml 中的代码如下：

```
< open-data type＝"userAvatarUrl" class＝"open-data"> </open-data >
< input value＝"{{name}}" class＝"input"bindinput＝"input"> </input >
< buttonbindtap ＝ " save"  style ＝ " background-color：♯ffe793；width：40％;">保
存</button >
```

（4）user. js 中的代码如下：

```
app＝getApp( )
        Page({
data：{
      name:""
    },
    onLoad：function（options）{
      let that＝this
      db. collection("user"). where({
        _openid:app. openid        //搜索用户的 OpenID
      }). get( ). then(res＝>{
        that. setData({
          name:res. data[0].name        //获取用户的名字
        })
      })
    },
    input(e){
setData({
```

```
            name:e. detail. value            //获取 input 中的内容
        })
    },
    save:function( ){
        db. collection("user"). where({
            _openid：app. openid
        }). get( ). then(res =>{
            db. collection("user"). doc(res. data[0]._id). update({        //先搜
索出_id 再更新数据
                data:{
                    name:this. data. name        //更新名字
                }
            }). then(res=>{
    wx. showToast({
                title:'保存成功',
            })
        })
    })
    }
})
```

第11章 综合案例讲解

11.1 首页

首页主要展示商城后台推荐到首页的店家推荐商品和店铺热卖商品，展示推荐商品和热卖商品的图片、商品名称和卖家店铺，如图11-1所示。

图 11-1 首页

微信小程序被打开时会自动跳转至如图11-1所示的首页。当"首页"按钮被单击时，小程序会从其他页面跳转至此页面。

页面组成：首页由三个部分组成。上部由搜索框和循环滚动商品条组成，中间由全部分类、热卖商品、我的订单、我的收藏四个按钮组成，下部由店家推荐和热卖商品组成。

调用描述：①单击"搜索"按钮，跳转到特定搜索商品页面，小程序通过 ID 参数进行区分。②单击"全部分类"按钮,跳转到全部分类商品界面,小程序通过 ID 参数进行区分。③单击"热卖商品"按钮,跳转到热卖商品列表页面。④单击"我的订单"按钮,跳转到我的订单页面,小程序通过 ID 参数记录登录用户。⑤单击滚动商品中的任意项,跳转到该商品的详细信息页面,小程序通过 ID 参数记录浏览记录。⑥单击"店家推荐"和"热卖商品"中的任意项,跳转到该商品的详情页面,小程序通过 ID 参数记录浏览记录。全部分类页如图 11-2 所示。

图 11-2　全部分类页

11.2　商品列表

小程序以商品列表形式展示买家所选分类商品和搜索到的商品,列表展示商品主要信息包括商品缩略图、商品名称、商品链接、商品价格、运费、剩余时间以及卖家诚信度。小程序支持商品列表按商品价格以正序或倒序排序,支持商品列表按商品销量以正序或倒序排序,支持商品列表按商品价格进行筛选。商品列表页如图 11-3 所示。

图 11-3　商品列表页

11.3　登录界面

买家只有在登录后才可以进行交易，登录界面如图 11-4 所示。

图 11-4　登录界面

买家在未登录状态下，不能进行除浏览之外的任何操作，如购买商品等。若买家在其他界面进行了操作，系统会自动给出提醒，并链接到登录界面。

登录界面:由一个登录框组成,登录框包含一个微信账号登录文本框。

调用描述:若当前买家没有登录,买家同意授权微信登录后,单击"微信账号登录"按钮。小程序会在数据库中进行查询,若存在此记录,将根据 ID 参数跳转到相应的界面。

11.4 商品详情

商品详情包括宝贝标题,宝贝主图、尺码、颜色选项,主图下方的多角度、多颜色图片,宝贝属性,店铺促销,搭配、减价,好评返现等内容,以及店铺热卖宝贝海报实拍图、模特图、细节图。这些信息可以让买家更好地了解产品的各个方面。商品详情页如图 11-5 所示。

图 11-5 商品详情页

调用背景:当买家已登录时,单击商品列表中的某个商品时,系统会自动跳转至该商品的详细信息界面。

页面组成:该界面通过将五个商品图片作为轮播图片向用户展示商品,商品图下面显示具体的商品信息,包括价格、销量等。商品详情页最下面有五个按钮,分别为客服、收藏、购物车、加入购物车和立即购买。

调用描述:买家点击商品列表中的某个商品时,系统会跳转至该商品详情页。买家在未登录的状态下点击任何按钮都会跳转到登录界面。买家可通过点击"客服"按钮,向客服询问对商品有疑问的地方,点击"收藏"按钮则会将商品加入"我的收藏"中,点击"购物车"按钮则会跳转到购物车界面,点击"加入购物车"按钮会将商品加入"购物车"中,点击"立即购买"按钮则跳转到购买详情界面。

11.5 购物车

小程序的"购物车"类似于超市购物时使用的推车或篮子,买家可以暂时把挑选的商品放入购物车中,可以任意删除或更改购买数量,可对多个商品进行一次性结算。购物车页面如图 11-6 所示。

图 11-6 购物车页面

11.6 个人中心

个人中心为用户的个人界面,在该页面中,用户可以修改用户名、头像和收货地址,可以查看余额、积分、优惠券、我的关注、我的足迹、我的订单等信息,如图 11-7 所示。

图 11-7　个人中心页面

习　题

简述 POST 和 GET 请求方式的不同。

实　践

进入菜单界面, 滑动右侧菜单列表, 实现左侧菜单栏的联动。

参考文献

[1] 易伟.微信小程序快速开发(视频指导版)[M].北京:人民邮电出版社,2017.

[2] 刘刚.微信小程序开发项目教程(慕课版)[M].北京:人民邮电出版社,2021.

[3] 孙芳,梁大业,林彬.全栈式微信小程序云开发实战[M].北京:人民邮电出版社,2021.

[4] 秦长春.微信小程序开发技术[M].北京:人民邮电出版社,2021.

[5] 刘刚.微信小程序开发图解案例教程(附精讲视频)[M].3版.北京:人民邮电出版社,2021.

[6] 曾建华.微信小程序开发实战教程(PHP+Laravel+MySQL)(微课版)[M].北京:人民邮电出版社,2021.

[7] 北京课工场教育科技有限公司.微信小程序开发实战[M].北京:人民邮电出版社,2020.

[8] 周文洁.微信小程序开发零基础入门[M].北京:清华大学出版社,2019.

[9] 黑马程序员.微信小程序开发实战[M].北京:人民邮电出版社,2019.

[10] 王易.微信营销与运营全能一本通(视频指导版)[M].北京:人民邮电出版社,2018.

[11] 张萍,陈永运.移动商务项目实战——墨刀+AppCan+微信小程序(微课视频版)[M].北京:清华大学出版社,2021.

[12] 李一鸣.微信小程序开发从零开始学[M].北京:清华大学出版社,2021.

[13] 彭涛,孙连英,刘畅.移动应用开发技术[M].北京:清华大学出版社,2021.

[14] 丁锋,陆禹成.HTML5+jQuery Mobile移动应用开发[M].北京:清华大学出版社,2018.

[15] 唐四薪.PHP动态网站开发[M].2版.北京:清华大学出版社,2021.

[16] 文杰书院.PHP+MySQL动态网站设计基础入门与实战(微课版)[M].北京:清华大学出版社,2020.

[17] 林世鑫,李圆.微信公众平台与小程序开发——实验与项目案例教程[M].北京:电子工业出版社,2020.